全国技工院校计算机类专业教材（中／高级技能层级）

AutoCAD 2023
基础与应用

U0272559

主　编　王　雪

主　审　葛晓曦

中国劳动社会保障出版社

简介

本书主要内容包括 AutoCAD 2023 入门、绘制简单平面图形、编辑平面图形、设置与使用制图样板、表格与注释、块与组、参数化绘图和综合实训等。

本书由王雪任主编，鲁成瑞、赵文育参与编写，葛晓曦任主审。

图书在版编目（CIP）数据

AutoCAD 2023 基础与应用 / 王雪主编 . -- 北京：
中国劳动社会保障出版社，2024. -- （全国技工院校计
算机类专业教材）. -- ISBN 978-7-5167-6466-4

Ⅰ. TP391.72

中国国家版本馆 CIP 数据核字第 2024ZL5481 号

中国劳动社会保障出版社出版发行

（北京市惠新东街 1 号　邮政编码：100029）

*

北京宏伟双华印刷有限公司印刷装订　　新华书店经销

787 毫米 ×1092 毫米　16 开本　20.25 印张　386 千字
2024 年 7 月第 1 版　　2024 年 7 月第 1 次印刷
定价：**50.00 元**

营销中心电话：400-606-6496
出版社网址：http://www.class.com.cn
http://jg.class.com.cn

前　言

　　为了更好地满足全国技工院校计算机类专业的教学要求，适应计算机行业的发展现状，全面提升教学质量，我们组织全国有关学校的一线教师和行业、企业专家，在充分调研企业用人需求和学校教学情况、吸收借鉴各地技工院校教学改革的成功经验的基础上，根据人力资源社会保障部颁布的《全国技工院校专业目录》及相关教学文件，对全国技工院校计算机类专业教材进行了修订和新编。

　　本次修订（新编）的教材涉及计算机类专业通用基础模块及办公软件、多媒体应用软件、辅助设计软件、计算机应用维修、网络应用、程序设计、操作指导等多个专业模块。

　　本次修订（新编）工作的重点主要有以下几个方面。

突出技工教育特色

　　坚持以能力为本位，突出技工教育特色。根据计算机类专业毕业生就业岗位的实际需要和行业发展趋势，合理确定学生应具备的能力和知识结构，对教材内容及其深度、难度进行了调整。同时，进一步突出实际应用能力的培养，以满足社会对技能型人才的需求。

　　针对计算机软、硬件更新迅速的特点，在教学内容选取上，既注重体现新软件、新知识，又兼顾技工院校教学实际条件。在教学内容组织上，不仅局限于某一计算机软件版本或硬件产品的具体功能，而是更注重学生应用能力的拓展，使学生能够触类旁通，提升综合能力，为后续专业课程的学习和未来工作中解决实际问题打下良好的基础。

创新教材内容形式

在编写模式上，根据技工院校学生认知规律，以完成具体工作任务为主线组织教材内容，将理论知识的讲解与工作任务载体有机结合，激发学生的学习兴趣，提高学生的实践能力。

在表现形式上，通过丰富的操作步骤图片和软件截图详尽地指导学生了解软件功能并完成工作任务，使教材内容更加直观、形象。结合计算机类专业教材的特点，多数教材采用四色印刷，图文并茂，增强了教材内容的表现效果，提高了教材的可读性。

本次修订（新编）工作还针对大部分教材创新开发了配套的实训题集，在教材所学内容基础上提供了丰富的实训练习题目和素材，供学生巩固练习使用，既节省了教材篇幅，又能帮助学生进一步提高所学知识与技能的实际应用能力。

提供丰富教学资源

在教学服务方面，为方便教师教学和学生学习，配套提供了制作素材、电子课件、教案示例等教学资源，可通过技工教育网（http://jg.class.com.cn）下载使用。除此之外，在部分教材中还借助二维码技术，针对教材中的重点、难点内容，开发制作了操作演示微视频，可使用移动设备扫描书中二维码在线观看。

致谢

本次修订（新编）工作得到了河北、山西、黑龙江、江苏、山东、河南、湖北、湖南、广东、重庆等省（直辖市）人力资源社会保障厅（局）及有关学校的大力支持，在此我们表示诚挚的谢意。

编者

2023 年 4 月

目 录

CONTENTS

项目一
AutoCAD 2023 入门

AutoCAD 2023 是 Autodesk 公司推出的计算机辅助设计软件，它具有良好的工作界面和灵活、高效、快捷的绘图环境，已被广泛应用于机械设计、建筑设计、园林设计、服装设计等领域。本项目结合两个典型任务简要介绍 AutoCAD 2023 的工作界面，以及新建、打开和查看 dwg 格式文件的方法。

任务一　初识 AutoCAD 2023

1. 了解 AutoCAD 2023 的启动方法。
2. 掌握新建 AutoCAD 2023 文件的方法。
3. 认识 AutoCAD 2023 的工作界面。

本任务的要求如下：

1. 启动 AutoCAD 2023，新建一个 dwg 格式的空白文件。

2. 认识 AutoCAD 2023 的工作界面。

3. 设置绘图环境。

一、启动 AutoCAD 2023

软件启动 AutoCAD 2023 的方法主要有以下两种：

◇ 双击桌面上的 AutoCAD 2023 快捷图标（见图 1–1a）。

◇ 单击"开始"菜单中的"AutoCAD 2023– 简体中文（Simplified Chinese）"文件夹中的"AutoCAD 2023– 简体中文（Simplified Chinese）"命令（见图 1–1b）。

图 1–1　启动 AutoCAD 2023 的方法

a）通过快捷图标启动　b）通过"开始"菜单启动

启动后进入 AutoCAD 2023"欢迎"界面，如图 1–2 所示。

为满足用户的使用需求，AutoCAD 提供了"草图与注释""三维基础""三维建模"三种模式的工作空间。"草图与注释"工作空间用于绘制二维图形，是 AutoCAD 默认启动的工作空间；"三维基础"和"三维建模"工作空间用于绘制三维实体。本书主要介绍"草图与注释"工作空间的使用方法。

二、新建空白文件

在 AutoCAD 2023"欢迎"界面中单击"新建"按钮，系统会新建一个空白文件，并自动将其命名为"Drawing1.dwg"，同时弹出图 1–3 所示的"草图与注释"工作界面。

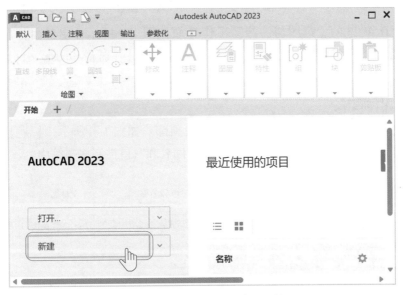

图 1-2 AutoCAD 2023 "欢迎" 界面

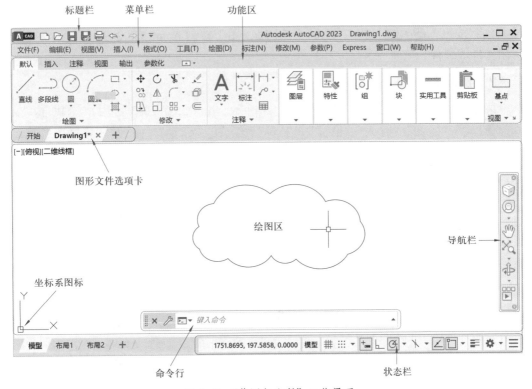

图 1-3 "草图与注释" 工作界面

三、认识 AutoCAD 2023 的"草图与注释"工作界面

AutoCAD 2023 的"草图与注释"工作界面如图 1-3 所示，主要由标题栏、菜单栏、功能区、绘图区、坐标系图标、命令行、状态栏、导航栏和图形文件选项卡等组成。

1. 认识标题栏

标题栏位于 AutoCAD 2023 操作界面的最顶部。如图 1-4 所示，标题栏主要包括菜单浏览器、快速访问工具栏、软件名称、文件名和窗口控制按钮等内容。

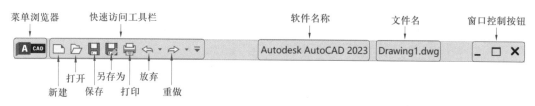

图 1-4　标题栏

快速访问工具栏在窗口的左上方，AutoCAD 2023 最常用的几个命令都放在这里，包括"新建""打开""保存""另存为""打印""放弃"和"重做"等。

窗口控制按钮位于标题栏最右端，主要有"最小化"按钮 ▬ 、"恢复窗口大小 / 最大化"按钮（ 🗗 / 🗖 ）和"关闭"按钮 ✖ ，用于控制 AutoCAD 2023 窗口的大小和关闭文件或软件。

2. 认识菜单栏

菜单栏位于标题栏的下侧，如图 1-3 所示。AutoCAD 2023 为用户提供了"文件""编辑""视图""插入""格式""工具""绘图""标注""修改""参数""窗口""帮助"等主菜单。默认设置下，菜单栏是隐藏的。单击"快速访问工具栏"右侧的下拉按钮 ▼ ，在弹出的下拉菜单（见图 1-5）中单击"显示菜单栏"命令，即可在屏幕上显示菜单栏；再次单击"快速访问工具栏"右侧的下拉按钮 ▼ ，在下拉菜单中单击"隐藏菜单栏"命令，则菜单栏被隐藏。在"自定义快速访问工具栏"的下拉菜单中，还可以勾选"图层""打印预览""打印"等命令，将其添加到快速访问工具栏中。

AutoCAD 2023 的常用制图工具和管理、编辑工具等都分门别类地排列在这些主菜单中，用户可以非常方便地启动各主菜单中的

图 1-5　"自定义快速访问工具栏"下拉菜单

相关菜单项，进行必要的图形绘制和编辑工作。具体操作方法是：单击某一个主菜单选项［如绘图（D）］，展开此主菜单，然后将光标移至需要启动的命令选项上，再次单击即可。图1-6所示为单击"绘图（D）"→"圆（C）"→"三点（3）"绘制圆命令。

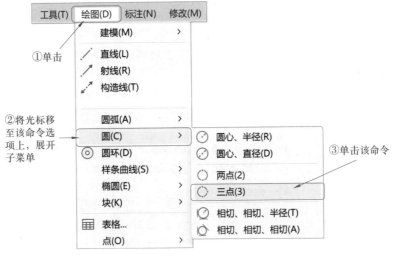

图1-6　单击"三点（3）"绘制圆命令

 小贴士

①在本书中，"单击"是指单击鼠标左键，"双击"是指双击鼠标左键。有时可视情况省略，但为了保证某些句子的连贯性，有时不可省略。

②在菜单栏中，符号">"表示该选项有子菜单。

3. 认识功能区

AutoCAD 2023的功能区位于标题栏（或菜单栏）下方，功能区主要包括"默认""插入""注释""参数化""视图""输出"等选项卡（见图1-3），其中最常用的是"默认"选项卡。

单击"默认"选项卡的标签，即可进入"默认"功能区，包括"绘图""修改""注释""图层""特性""组""块""剪贴板""实用工具"等面板，如图1-7所示。

图1-7　"默认"选项卡

小贴士

在 AutoCAD 2023 的选项卡或命令按钮的下侧或右侧有涂黑的倒三角形符号（下拉按钮）▼ 时，表示该选项卡或命令包含多个选项或命令，单击倒三角形符号可展开其他选项或命令的扩展面板。图 1-8 所示为单击"绘图"面板下侧的三角形符号后展开的"绘图"扩展面板和单击"矩形"按钮右侧的三角形符号后展开的扩展面板，单击左下侧的"锁定"按钮 📌，可锁定扩展面板。此时，面板左下侧的按钮变为"解除锁定"按钮 ◔，单击该按钮可以解除锁定。

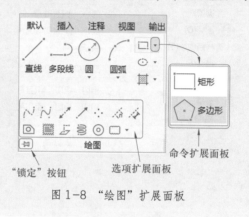
图 1-8 "绘图"扩展面板

4. 认识绘图区

绘图区是指功能区下方的大片空白区域，此区域是用户的工作区域，图形的设计与修改工作就是在此区域内进行操作的。默认状态下绘图区是一个无限大的电子屏幕，无论尺寸多大或多小的图形，都可以在绘图区中绘制和灵活显示。

当移动鼠标时，绘图区会出现一个随鼠标移动的十字符号（见图 1-9a），此符号被称为十字光标，它由拾取点光标（见图 1-9b）和选择光标（见图 1-9c）叠加而成。拾取点光标是点的拾取器，当执行绘图或注释命令的过程中需要拾取点时，显示为拾取点光标；"选择光标"是对象拾取器，当执行修改命令的过程中需要选择对象时，显示为选择光标；当没有任何命令执行时，显示为十字光标。

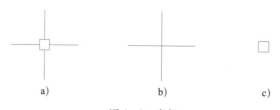
a)   b)   c)

图 1-9 光标
a）十字光标 b）拾取点光标 c）选择光标

5. 认识坐标系图标

在绘图区的左下角有一个用于指示方向的图标，称为坐标系图标，表示用户绘图时正使用的是坐标系形式（见图 1-3）。坐标系图标的作用是精确定位对象的位置。

6. 认识命令行

命令行位于绘图区的下侧，它是用户与 AutoCAD 2023 进行交流的平台，其主要功能是提示和显示用户当前的操作步骤。如图 1-10 所示，在执行"圆心、半径"绘制圆命令后，命令行提示用户指定圆的圆心位置及其他可选择的绘制圆命令。用户可以在命令行中根据提示输入命令（指定圆心位置），也可单击命令行中的命令（灰色背景的文字）切换到其他相关命令，如单击"三点（3P）"可切换到"三点"绘制圆命令，或直接选择相应的命令选项。

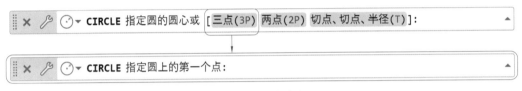

图 1-10　命令行

7. 认识状态栏

状态栏位于屏幕的最下方，包括当前光标的坐标和辅助工具栏，如图 1-11 所示。辅助工具栏中的按钮提供辅助绘图工具，主要包括"栅格""捕捉模式""动态输入""正交模式""极轴追踪""等轴测草图""对象捕捉追踪""对象捕捉""显示/隐藏线宽""切换工作空间""全屏显示""自定义"等按钮。单击"自定义"按钮可以添加或取消状态栏中显示的按钮。

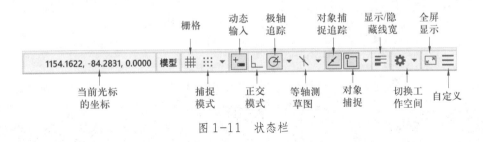

图 1-11　状态栏

8. 认识导航栏

导航栏位于绘图区的右侧（见图 1-3），包括平移、缩放等工具。

9. 认识图形文件选项卡

图形文件选项卡位于绘图区的左上侧（见图 1-3），显示创建的图形文件名和打开的图形文件名，单击文件名可以在不同的图形文件之间切换。

10. 认识右键快捷菜单

在 AutoCAD 2023 中，启动某项命令往往有多种方法。如在绘图区内单击鼠标右键，即可弹出快捷菜单，如图 1-12 所示。单击快捷菜单上的相应命令即可执行该命令。在不同状态下单击鼠标右键可弹出不同的快捷菜单，用户只需单击菜单中的命令或选项，即可快速执行相应的命令。图 1-12 所示为单击"复制（C）"命令。

图 1-12　右键快捷菜单

四、设置工作界面的色调和绘图区域的背景颜色

在默认情况下，AutoCAD 2023 工作界面的色调为"暗"，绘图区域的背景颜色为"黑"（见图 1-13），用户可以根据自己的喜好和需要将其设置成不同的颜色。

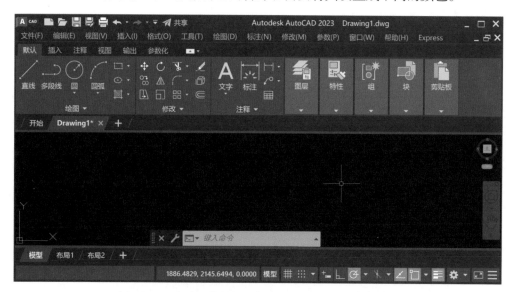

图 1-13　默认工作界面的色调和绘图区域的背景颜色

1. 打开"选项"对话框

当没有任何命令执行时，在绘图区内单击鼠标右键，在弹出的快捷菜单（见图 1-14）中单击"选项"命令，弹出"选项"对话框（见图 1-15）。

图 1-14 单击"选项"命令

2. 设置工作界面的色调

单击"显示"选项卡（单击"显示"按钮），单击"颜色主题（M）"的下拉列表框，选择"明"选项，将工作界面的色调改为"明"，如图 1-15 所示。

3. 设置绘图区域的背景颜色

单击"颜色（C）..."按钮（见图 1-15），系统弹出"图形窗口颜色"对话框（见图 1-16）。在该对话框中，在"上下文（X）"列表框中选择"二维模型空间"，在"界面元素（E）"列表框中选择"统一背景"，在"颜色（C）"列表框中选择自己喜爱的颜色选项（如白色）。

4. 关闭"图形窗口颜色"对话框和"选项"对话框

单击"应用并关闭（A）"按钮（见图 1-16），关闭"图形窗口颜色"对话框，返回"选项"对话框。单击"确定"按钮（见图 1-15），完成工作界面色调和绘图区域背景颜色的设置。

①单击"显示"选项卡

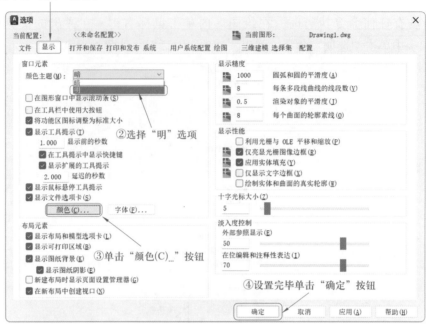

图 1-15 "选项"对话框

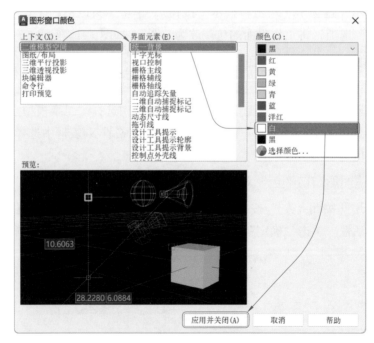

图 1-16 "图形窗口颜色"对话框

任务二　打开与查看文件

学习目标

1. 掌握 dwg 格式文件的打开方法。
2. 掌握"平移"和"缩放"命令的操作方法。

任务描述

打开文件"数据中心布线图"，查看图样细节，并利用"另存为"命令修改其文件名为"数据中心布线系统基本结构图"，将其保存到桌面上。

任务实施

在查看和修改图形时，首先要打开已有的 dwg 格式文件，查看图形时需要让图形在屏幕上平移、缩小或放大显示。在对 dwg 格式文件进行修改后，需要保存或另存文件。

一、打开文件

当用户需要查看、使用或编辑已经存盘的 dwg 格式文件时，可使用"打开"命令将图形文件打开。启动"打开"命令的方法主要有以下三种：

◇　单击快速访问工具栏中的"打开"按钮 📂 。

◇　单击菜单栏中的"文件"→"打开"命令。

◇　单击菜单浏览器中的"打开"命令。

1. 启动"打开"命令，系统弹出"选择文件"对话框，如图 1-17 所示。

2. 选择配套资源中的"\AutoCAD 2023 基础与应用素材库 \ 项目一素材 \"文件夹（可在"技工教育网"上获取相关资源），选择"数据中心布线图 .dwg"源文件。

3. 单击"打开"按钮即可打开"数据中心布线图"文件，如图 1-18 所示。

图 1-17 "选择文件"对话框

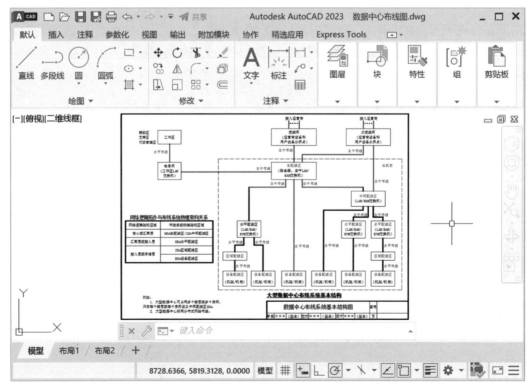

图 1-18 打开后的"数据中心布线图"文件

小贴士

在没有启动 AutoCAD 2023 之前，双击要打开的 dwg 格式的 AutoCAD 2023 文件图标，可以直接启动 AutoCAD 2023 并打开 dwg 格式文件。在启动 AutoCAD 2023 后，双击文件的图标，也可以打开该文件。

二、缩放显示图形

图 1-19 中显示了整个图样的全貌，但是很难看清细部结构。要想观察图样的局部结构，需要用到"缩放"和"平移"命令。

"缩放"命令可将图形放大或缩小显示，以便观察和绘制图形，该命令并不改变图形的实际尺寸，只是改变了视图的显示比例。启动"缩放"命令最常用的方法是：单击导航栏中"缩放"按钮下面的下拉按钮 ▼，在弹出的菜单中单击缩放命令（如"窗口缩放"），如图 1-19 所示。

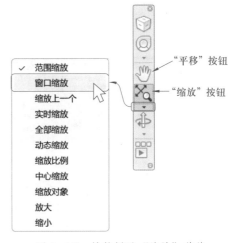

图 1-19　导航栏及"缩放"菜单

功能解读

"缩放"菜单常用选项的功能

"范围缩放"：在屏幕上最大显示所有对象。

"窗口缩放"：显示矩形窗口指定区域的图形。

"缩放上一个"：回到上一次显示状态。

"实时缩放"：以屏幕中心为基点，通过上、下移动鼠标的方式放大或缩小图形显示。

1. 单击"缩放"菜单中的"窗口缩放"命令，在左侧表格所在的位置用鼠标拖出一个缩放窗口（见图 1-20），单击鼠标左键，完成窗口缩放，图形放大后在屏幕上的显示结果如图 1-21 所示。

2. 单击"缩放"菜单中的"缩放上一个"命令，图形显示自动退回到缩放前的视图。

3. 单击"缩放"菜单中的其他缩放命令，对图形进行缩放操作，观察缩放效果。

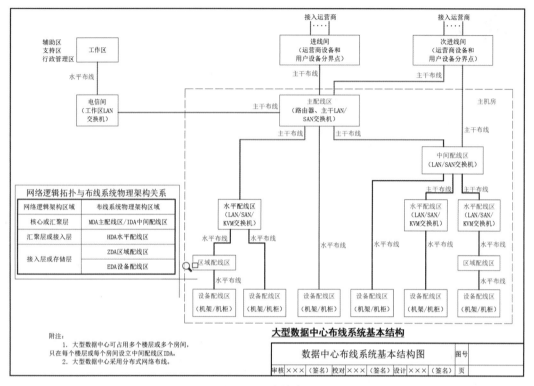

图 1-20　缩放窗口

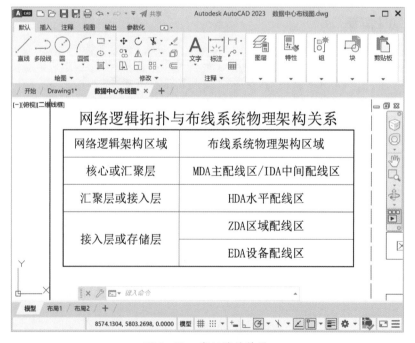

图 1-21　窗口缩放结果

三、平移图形

"平移"命令用于移动图形在屏幕上的显示位置，该命令不改变图形的实际位置。启动"平移"命令最常用的方法是：单击导航栏中的"平移"按钮 ✋。

1. 单击"缩放"菜单中的"范围缩放"命令，在屏幕上显示整个图形。

2. 单击导航栏中的"平移"按钮 ✋，启动"平移"命令。

3. 移动鼠标平移图形，向前滚动鼠标滚轮可放大图形，放大显示工作区和电信间的内容，如图 1-22 所示。

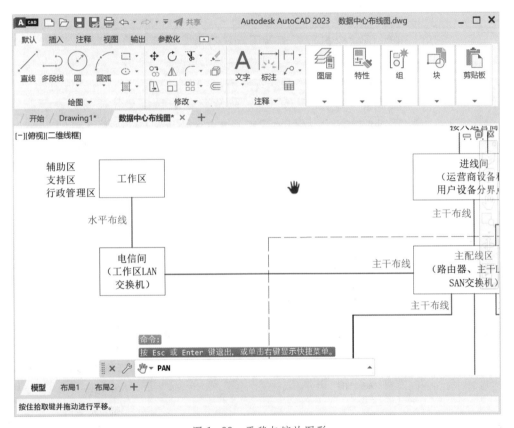

图 1-22 平移与缩放图形

4. 按回车键或空格键，退出"平移"命令。

小贴士

两种缩放和平移图形的常用方法

1. 用鼠标缩放图形

向前滚动鼠标滚轮，图形以光标所在位置为中心进行放大；向后滚动鼠标滚轮，图形相应缩小。按住鼠标滚轮移动鼠标可以平移图形。利用鼠标进行视窗操作非常便利，在实际绘图过程中最为常用。

2. 通过快捷菜单缩放图形

在没有命令执行的前提下或没有对象被选择的情况下，单击鼠标右键，弹出快捷菜单（见图 1-23），单击"平移"或"缩放"命令，可以对图形进行平移或实时缩放。

通常情况下，"平移"和"缩放"命令往往交替使用。在执行"平移"和"缩放"命令时，可通过右键快捷菜单（见图 1-24）进行转换，也可以与操作鼠标滚轮缩放和平移图形的方法交替使用。

图 1-23 "平移"和"缩放"的快捷菜单

图 1-24 "平移"和"缩放"的转换菜单

项目二
绘制简单平面图形

平面图形一般都是由直线、圆、矩形、正多边形等基本几何图形组成的，绘制简单的几何图形是绘制复杂图样的基础。在功能区"默认"选项卡下的"绘图"面板（见图 2-1）中和菜单栏中的"绘图（D）"菜单（见图 2-2）中都包含了各种绘制基本几何图形的命令。掌握常用"绘图"命令的操作方法是学习 AutoCAD 2023 的基础，本项目结合绘制箭头、火箭模型、六圆图和晴雨伞等典型任务，重点介绍最常用的"直线""矩形""多边形""多段线""圆""圆弧"等绘图命令的操作方法，其他绘图命令的操作方法将在其他项目中结合典型任务进行介绍。

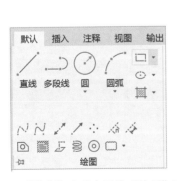

图 2-1　"默认"选项卡下的"绘图"面板　　　　图 2-2　菜单栏中的"绘图"菜单

任务一　用"直线"命令绘制箭头平面图

1. 了解 AutoCAD 2023 的坐标系的概念。
2. 掌握"直线"命令的操作方法，能绘制由直线组成的平面图形。

利用"直线"命令绘制图 2-3 所示的箭头平面图（不标注尺寸）。

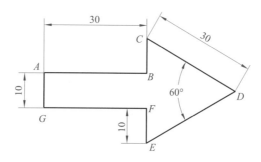

图 2-3　箭头平面图

一、坐标系

在绘图过程中要精确定位某个对象时，必须以某个坐标系作为参照指定点的位置，使用 AutoCAD 2023 提供的坐标系可以精确绘制图形。

AutoCAD 2023 的默认坐标系为 WCS，即世界坐标系。此坐标系是 AutoCAD 2023 的基本坐标系，它由两个相互垂直并相交的坐标轴 X、Y 组成，如图 2-4 所示。X 轴正方向水平向右，Y 轴正方向垂直向上（如果在三维空间工作，还有一个 Z 轴），坐标原点在绘图区左下角。

图 2-4　AutoCAD 2023 的
世界坐标系

1．绝对坐标

（1）绝对直角坐标

绝对直角坐标是以原点（0,0）为参照点来定位点，其表达式为（x,y），用户可以通过输入点的实际 X、Y 坐标来确定它的位置。

如 A 点的 X 坐标为 35（该点在 X 轴上的垂足到原点的距离为 35 个图形单位），Y 坐标为 15（该点在 Y 轴上的垂足到原点的距离为 15 个图形单位），那么 B 点的绝对坐标表达式为（35,15）。B 点在坐标系中的位置如图 2-5 所示。

（2）绝对极坐标

绝对极坐标是以原点作为极点，通过相对于原点的极长和角度来定义点的位置，其表达式为（$L<\alpha$）。L 为该点与原点之间的距离，即极长；α 为该点和原点的连线与 X 轴正方向的夹角。在默认设置下，AutoCAD 2023 是以逆时针方向来测量角度的，即逆时针方向的角度为正值。X 轴的正向为 0°，Y 轴的正向为 90°。例如，B 点的极坐标为 B（32<30），则 B 点在坐标系中的位置如图 2-6 所示。

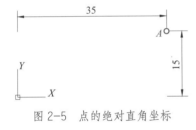

图 2-5　点的绝对直角坐标

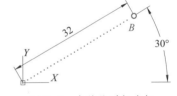

图 2-6　点的绝对极坐标

2．相对坐标

（1）相对直角坐标

相对直角坐标是指相对于某一点的 X 轴和 Y 轴位移。它的表示方法是在绝对坐标表达式前加"@"，如 D 点相对于 C 点的相对直角坐标为 D（@ –13,8），则 D 点相对于 C 点的位置如图 2-7 所示。

（2）相对极坐标

相对极坐标是指相对于参照点的距离和角度。它的表示方法是在绝对极坐标表达式前加"@"，如 F 点相对于 E 点的相对极坐标为 F（@ 16<24），则 F 点相对于 E 点的位置如图 2-8 所示，其中，相对极坐标中的角度（极轴角）是新点和参照点的连线与 X 轴正方向的夹角。

二、启动命令的方法

用 AutoCAD 2023 绘图必须输入必要的指令和参数。AutoCAD 2023 为用户提供了多种命令输入方式，下面以绘制直线为例，介绍几种启动命令的方法。

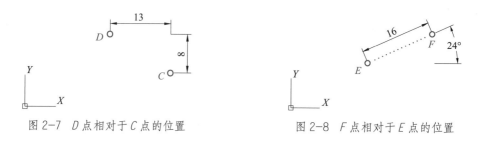

图 2-7　*D* 点相对于 *C* 点的位置　　　　　　图 2-8　*F* 点相对于 *E* 点的位置

1. 单击功能区中对应的按钮

单击功能区中的"默认"→"绘图"→"直线"按钮 ／（见图 2-9），即可启动"直线"命令。单击"默认"功能区中的命令按钮是最常用的执行命令的方法。

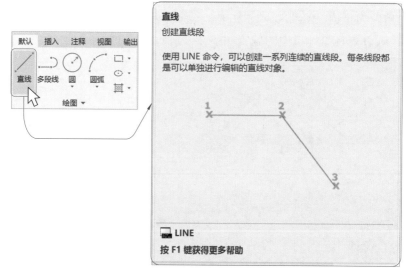

图 2-9　"直线"按钮的位置及帮助功能

小贴士

在单击某一个命令按钮前，如果将光标在按钮上停留一段时间，系统会自动弹出显示该按钮帮助信息的窗口（见图 2-9），初学者可以利用 AutoCAD 2023 的这一功能熟悉软件的使用方法。

2. 在命令行输入命令名

命令字符可不区分大小写，如在启动直线命令时，既可输入大写字母"LINE"，也可输入小写字母"line"。

3. 在命令行输入命令缩写字母

在命令行输入直线命令的缩写字母 L 后按回车键，也可以执行该命令。AutoCAD 2023 常用命令详见附录。

4. 在"绘图"菜单中单击对应的命令

一般情况下，AutoCAD 2023 的各项命令在菜单栏中都有相应的菜单，单击菜单栏中的"绘图"→"直线"命令（见图 2-10），即可启动"直线"命令。

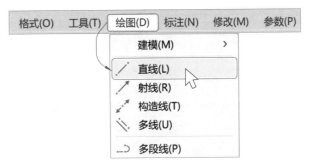

图 2-10　在"绘图"菜单中单击"直线"命令

三、绘制直线的方法

AutoCAD 2023 提供了多种绘制直线的方法，常用的有使用鼠标单击绘制直线、利用相对直角坐标绘制直线和利用相对极坐标绘制直线。这三种方法归根到底都是通过确定直线上点的坐标来绘制直线，只是确定点的坐标的方式不同。

1. 使用鼠标单击绘制直线

该方法是通过单击鼠标左键在绘图区指定两点来绘制直线的。

启动"直线"命令，系统给出以下提示：

命令：_line

指定第一个点：　　　　　　　　// 在绘图区适当位置单击，指定一点作为直线起点

指定下一点或 [放弃 (U)]:

　　　　　　　　　　// 移动光标到另一位置单击，指定一点作为直线的终点

指定下一点或 [放弃 (U)]:　　　　　　　// 按回车键（或空格键）结束命令

小贴士

> 执行命令时，在命令行提示中会出现相关的命令选项。命令行中不带括号的提示为默认选项（如上面的"指定下一点"），可以按提示直接操作计算机（如直接输入直线的起点坐标或在绘图区中单击指定一点）。如果要选择其他选项，则应该首先选择该选项［如"放弃（U）"］或输入该选项的命令缩写字母（"放弃"选项的命令缩写字母为"U"），然后按系统提示输入数据。
>
> 在输入英文字母、数字及其他字符时，必须使用半角字符，不能使用全角字符。
>
> 在 AutoCAD 2023 中执行某一项命令时，回车键和空格键的用途基本相同，主要用于结束或终止命令。

2. 利用相对直角坐标绘制直线

该方法是通过输入点的相对直角坐标来绘制直线的。

启动"直线"命令，系统给出以下提示：

命令：_line

指定第一个点：　　　　　　// 在绘图区适当位置单击，指定一点作为直线的起点 A

指定下一点或 [放弃 (U)]: @100,50

　　　　　　　　　　　　// 输入直线终点 B 的相对直角坐标，按回车键

指定下一点或 [放弃 (U)]:　　　　　　// 按回车键结束命令

利用相对直角坐标绘制直线的绘制结果如图 2-11 所示。

图 2-11　利用相对直角坐标绘制直线的绘制结果

3. 利用相对极坐标绘制直线

该方法是通过输入点的相对极坐标来绘制直线的。

启动"直线"命令，系统给出以下提示：

命令：_line

指定第一个点：　　　　　　　//在绘图区适当位置单击，指定一点作为直线的起点 C

指定下一点或 [放弃 (U)]: @80<35

　　　　　　　　　　　　　//输入直线终点 D 的相对极坐标，按回车键

指定下一点或 [放弃 (U)]:　　　　　　　　//按回车键结束命令

利用相对极坐标绘制直线的绘制结果如图 2-12 所示。

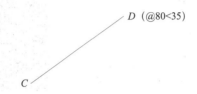

图 2-12　利用相对极坐标绘制直线的绘制结果

四、命令的重复、撤销与重做

在绘图过程中经常会重复使用相同命令或者撤销用错的命令，这就需要用到重复、撤销和重做。

1. 命令的重复

重复调用上一个命令的方法主要有按回车键或空格键等。

2. 命令的撤销

使用"撤销"命令可以在命令执行的任何时刻取消或终止命令。执行"撤销"命令的方法是：单击快速访问工具栏中的"放弃"按钮 ⟵。

3. 命令的重做

要将已被撤销的命令恢复，可以使用"重做"命令。执行"重做"命令的方法是：单击快速访问工具栏中的"重做"按钮 ⟶。

任务实施

一、新建空白文件

启动 AutoCAD 2023，在"欢迎"界面单击快速访问工具栏中的"新建"按钮

（见图 2-13），系统打开"选择样板"对话框，在"Template"（模板）文件夹中选择"acadiso.dwt"（公制空白样板），单击"打开（O）"按钮，新建一个 AutoCAD 空白文件。

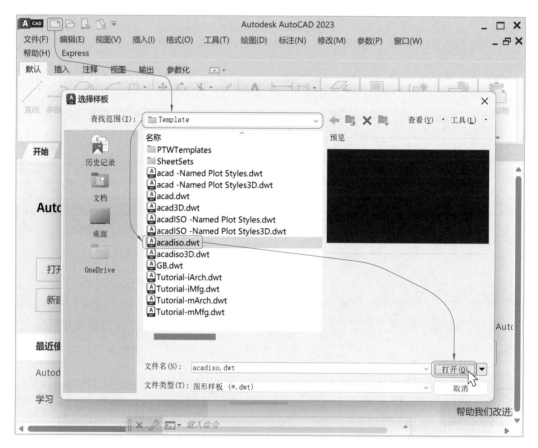

图 2-13　新建空白文件

 小贴士

还可以通过单击菜单浏览器中的"新建"命令，或单击工具栏中的"文件"→"新建"命令，来打开"选择样板"对话框。

二、设置线宽

单击"默认"→"特性"→"线宽"下拉列表，在展开的线宽（指图线的宽度）下拉列表中选择"0.30 毫米"线宽，如图 2-14 所示。

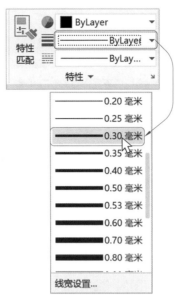

图 2-14 设置线宽

 小贴士

在 AutoCAD 2023 中绘制图线时，0.3 mm 线宽是可以在屏幕上辨别线宽的最小值。本书若无其他明确说明时，默认线宽为 0.30 mm。

三、绘制图形

单击"默认"→"绘图"→"直线"按钮 ╱，启动"直线"命令，系统给出以下提示：

命令：_line

指定第一个点：　　　　　　　　　　// 在绘图区适当位置单击，确定直线的起点 A

指定下一点或 [放弃 (U)]: @30,0

　　　　　　　// 输入 B 点相对于 A 点的直角坐标（见图 2-3，下同），按回车键

指定下一点或 [放弃 (U)]: @0,10

　　　　　　　　　　　// 输入 C 点相对于 B 点的直角坐标，按回车键

指定下一点或 [闭合 (C)/ 放弃 (U)]: @30<-30

指定下一点或 [闭合 (C)/ 放弃 (U)]: @30<210

// 输入 D 点相对于 C 点的极坐标，按回车键

// 输入 E 点相对于 D 点的极坐标，按回车键

指定下一点或 [闭合 (C)/ 放弃 (U)]: @0,10

// 输入 F 点相对于 E 点的直角坐标，按回车键

指定下一点或 [闭合 (C)/ 放弃 (U)]: @-30,0

// 输入 G 点相对于 F 点的直角坐标，按回车键

指定下一点或 [闭合 (C)/ 放弃 (U)]: C   // 输入 "C"，按回车键，闭合图形

用 "直线" 命令绘制箭头平面图的绘制结果如图 2-15 所示。

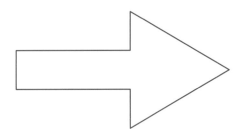

图 2-15　用 "直线" 命令绘制箭头平面图的绘制结果

四、保存文件

保存文件是为了将绘制的图形以文件的形式进行存盘，在画图过程中和画完图后都可以保存文件。启动 "保存" 命令的方法主要有：

◇ 单击快速访问工具栏中的 "保存" 按钮 🖫。

◇ 单击菜单栏中的 "文件" → "保存" 命令。

◇ 单击菜单浏览器中的 "保存" 命令。

1. 在桌面上新建一个名为 "AutoCAD 2023 基础与应用" 的文件夹。

2. 启动 "保存" 命令，系统弹出 "图形另存为" 对话框，如图 2-16 所示。

3. 在 "文件名（N）" 列表框中，系统自动生成一个文件名 "Drawing1.dwg"，将其改为 "箭头 .dwg"，如图 2-16 所示。

4. 单击 "保存（S）" 按钮，将文件保存到 "AutoCAD 2023 基础与应用" 文件夹中。

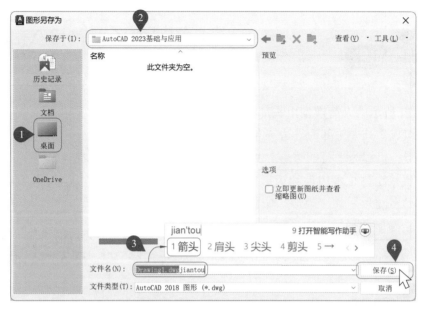

图 2-16　"图形另存为"对话框

小贴士

　　如果当前操作是第一次存储文件，则系统会弹出"图形另存为"对话框。如果是修改已存盘的文件，当启动"保存"命令后，系统会将当前图形文件以原文件名存入磁盘，不再给用户提示。

任务二　绘制火箭模型

1. 掌握精确定位工具的设置和使用方法。
2. 掌握"矩形""多边形""多段线"命令的操作方法。

图 2-17 所示的火箭模型由头部、躯干、尾部和机翼四部分组成，其中头部为等边三角形，躯干为矩形，尾部为梯形，机翼为平行四边形。AutoCAD 2023 为用户提供了直接绘制正多边形和矩形的命令，用户可以直接启动"多边形"和"矩形"命令来绘制等边三角形和矩形。梯形和平行四边形可以用"多段线"命令绘制。

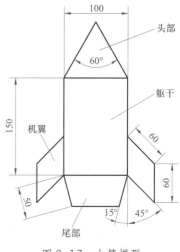

图 2-17　火箭模型

精确定位工具

为了快速、精确地绘制平面图形，AutoCAD 2023 提供了许多辅助绘图工具，如"对象捕捉""极轴追踪""对象捕捉追踪""动态输入"等工具，它们都被放置在工作界面右下侧的辅助工具栏中，单击某一项辅助绘图工具的按钮，可在启用（呈淡蓝色半透明遮罩）与不启用之间进行切换。本书此后的内容默认"对象捕捉""极轴追踪""对象捕捉追踪""动态输入"等工具处于启用状态。

1. 对象捕捉

在直线、圆、椭圆、矩形、正多边形等几何对象上都有几个确定其位置、形状和大小的特征点（也叫夹点），使用"对象捕捉"功能，可以非常方便地捕捉到图形上的夹点。

AutoCAD 2023 为用户提供了 14 种捕捉功能，如图 2-18 所示，使用这些功能可以非常方便地将光标定位到图形的特征点上。在实际绘图时，为了防止误操作，往往只启用常用的捕捉功能。启用"对象捕捉"功能的方法是：单击辅助工具栏中"对象捕捉"按钮右侧的下拉按钮（或用鼠标右键单

图 2-18　"对象捕捉"功能设置菜单

击"对象捕捉"按钮 ），在弹出的设置菜单中勾选需要的选项（见图 2-18）。

选项说明

"对象捕捉"功能设置菜单中常用选项的功能

端点：用于捕捉图形的端点，如线段的端点，矩形、多边形的角点等。

中点：用于捕捉对象的中点，如线段或圆弧的中点。

圆心：用于捕捉圆或圆弧的圆心。

几何中心：用于捕捉矩形、正多边形的几何中心。

节点：用于捕捉使用"点"命令绘制的点对象。使用时需将拾取框放在节点上，系统会显示出节点的标记符号，此时单击即可拾取该节点。

象限点：象限点是指在圆、圆弧（或椭圆、椭圆弧）上与圆心水平对齐或竖直对齐的点（见图 2-19）。该功能用于捕捉圆或圆弧的象限点。

交点：用于捕捉对象之间的交点。

垂足：用于捕捉对象的垂足，绘制对象的垂线。

切点：用于捕捉圆或圆弧的切点，绘制对象的切线。

图 2-19　象限点

a）圆上的象限点　b）圆弧上的象限点

一旦启用了某种"对象捕捉"功能，系统就一直保持启用状态，直到取消该功能为止。

2. 极轴追踪

使用对象捕捉功能只能捕捉对象上的特征点，如果需要捕捉特征点之外的目标点，则需要使用"极轴追踪"和"对象捕捉追踪"功能。

极轴追踪可以根据当前设置的追踪角度，引出相应的极轴追踪点线，用于追踪目标点，如图 2-20 所示。

单击辅助工具栏中"极轴追踪"按钮 右侧的下拉按钮 ▼ 可以打开"正在追踪设置"菜单，如图 2-21 所示，用户可以勾选需要的增量角。

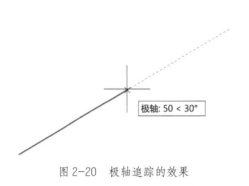

图 2-20 极轴追踪的效果

图 2-21 "正在追踪设置"菜单

3. 对象捕捉追踪

对象捕捉追踪是指以捕捉到的夹点为基点，按指定的极轴角或其倍数对齐要指定点的路径。图 2-22 所示为以 B 点为起点绘制直线时，捕捉 A 点极轴追踪线上的点，极轴追踪线的极轴角分别为 180°、90° 和 30°。

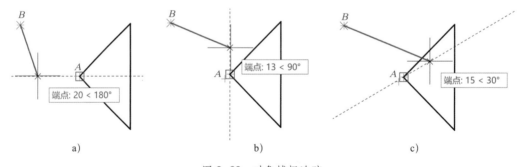

a)   b)   c)

图 2-22 对象捕捉追踪

a) 极轴追踪线的极轴角为 180°   b) 极轴追踪线的极轴角为 90°   c) 极轴追踪线的极轴角为 30°

小贴士

①"对象捕捉追踪"功能必须在"对象捕捉"功能启用时才能使用。

②当"对象捕捉追踪""对象捕捉""极轴追踪"功能同时启用时，可以非常方便地捕捉到"极轴追踪线"与"对象捕捉追踪线"的交点。图 2-23 所示为以 B 点为起点绘制直线时，捕捉 B 点的 340° 极轴追踪线与 A 点的 70° 极轴追踪线的交点。

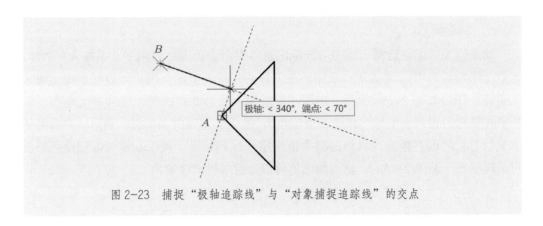

图 2-23　捕捉"极轴追踪线"与"对象捕捉追踪线"的交点

　　在默认设置下，系统仅以水平或垂直的方向追踪点（见图 2-22a、b）。如果用户需要按照某一角度追踪目标点（见图 2-22c），则必须设置追踪的方式为"用所有极轴角设置追踪"。具体操作方法是：单击菜单栏中的"工具"→"绘图设置（F）"命令，打开"草图设置"对话框，在"极轴追踪"选项卡下的"对象捕捉追踪设置"选项组中选择"用所有极轴角设置追踪（S）"，在"极轴角测量"选项组中选择"绝对（A）"，单击"确定"按钮，如图 2-24 所示。

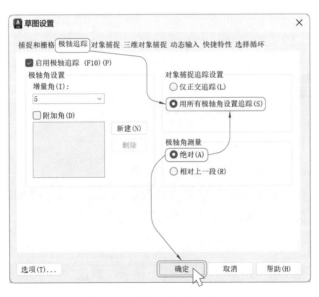

图 2-24　"草图设置"对话框

小贴士

　　在"草图设置"对话框中，还可以对"对象捕捉""动态输入"等选项进行设置。

4．动态输入

动态输入可以在绘图区域中的光标附近提供命令界面。启用"动态输入"功能后，绘制图形对象时可以动态显示光标所在位置的相对极坐标，用户可以根据提示输入参数进行绘图。如图 2-25a 所示，启用"动态输入"绘制直线时，在屏幕上动态显示光标所在位置的相对极坐标（极长和极轴角）。极长呈蓝底白字状态，表示该参数处于可编辑状态，可以直接输入具体的参数值指定线段的长度。按 Tab 键可以切换到极轴角可编辑状态（见图 2-25b），输入角度值可以指定线段的极轴角。

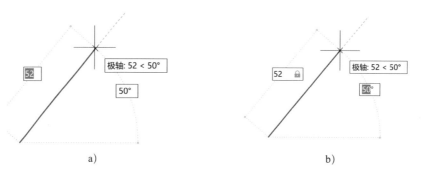

图 2-25　启用"动态输入"功能后绘制直线
a）极长处于可编辑状态　b）极轴角处于可编辑状态

一、新建空白文件

选择"acadiso.dwt"（公制空白样板），新建空白文件。将"动态输入""对象捕捉""极轴追踪""对象捕捉追踪"功能设置为启用状态。将"极轴追踪"的极轴角设置为 15°，"对象捕捉追踪"设置为"用所有极轴角设置追踪（S）"。

二、绘制躯干

躯干为矩形，可以用"矩形"命令绘制。单击"默认"→"矩形"按钮 ▢，启动"矩形"命令，系统给出以下提示：

命令：_rectang

指定第一个角点或 [倒角 (C)/ 标高 (E)/ 圆角 (F)/ 厚度 (T)/ 宽度 (W)]：

　　　　　　　// 在绘图区适当位置单击，指定一点作为矩形的左下侧顶点

指定另一个角点或 [面积 (A)/ 尺寸 (D)/ 旋转 (R)]: @100,150

　　　　　　　　　　// 输入矩形的右上侧顶点的相对直角坐标，按回车键

火箭模型躯干的绘制结果如图 2-26 所示。

三、绘制头部

"多边形"命令用于绘制正多边形。火箭模型的头部为等边三角形，可以用"多边形"命令绘制。

单击"默认"→"矩形"按钮右侧的下拉按钮 ▼，在展开的面板中单击"多边形"按钮 ⬠，启动"多边形"命令，系统给出以下提示：

图 2-26　火箭模型躯干的
绘制结果

命令 : _polygon

输入侧面数 <4>: 3　　　　　　　　// 输入正多边形的边数，按回车键

指定正多边形的中心点或 [边 (E)]: E　　// 单击"边 (E)"选项（见图 2-27）

指定边的第一个端点：　　　　　　// 单击矩形的左上侧顶点

指定边的第二个端点：　　　　　　// 单击矩形的右上侧顶点

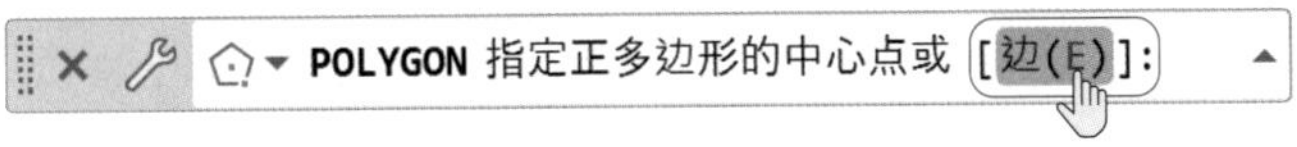

```
⋮ ✕ 🔧 ⬠▼ POLYGON 指定正多边形的中心点或 [边(E)]:     ▲
```

图 2-27　单击"边（E）"选项

火箭模型头部的绘制结果如图 2-28 所示。

图 2-28　火箭模型头部的绘制结果

小贴士

> 在 AutoCAD 2023 命令行显示的命令提示中，对于命令选项的后面带有方括号"［ ］"的选项，可以直接单击命令行中的选项按钮选择该选项。

四、绘制尾部

"多段线"命令用于绘制由多条直线或圆弧绘制的连续图线。无论绘制的多段线包含多少条直线或圆弧，AutoCAD 2023 都将其视为一个单独的对象。火箭模型的尾部为梯形，可以用"多段线"命令绘制。

单击"默认"→"绘图"→"多段线"按钮 ⌐⊃，启动"多段线"命令，系统给出以下提示：

命令：_pline

指定起点：　　　　　　　　　　　　　　// 单击 A 点，如图 2-29a 所示

当前线宽为 0.0000

指定下一个点或 [圆弧 (A)/ 半宽 (H)/ 长度 (L)/ 放弃 (U)/ 宽度 (W)]: 50

　　　　　　　// 沿 −75° 方向移动光标，输入"50"（见图 2-29a），按回车键

指定下一点或 [圆弧 (A)/ 闭合 (C)/ 半宽 (H)/ 长度 (L)/ 放弃 (U)/ 宽度 (W)]:

　　　　　　　// 捕捉 C 点，沿 255° 方向引追踪线，然后拾取其与由 B 点引出的

　　　　　　　// 水平极轴追踪线的交点（在交点处单击），如图 2-29b 所示

指定下一点或 [圆弧 (A)/ 闭合 (C)/ 半宽 (H)/ 长度 (L)/ 放弃 (U)/ 宽度 (W)]:

　　　　　　　　　　　　　　　　　　// 单击 C 点（见图 2-29c）

指定下一点或 [圆弧 (A)/ 闭合 (C)/ 半宽 (H)/ 长度 (L)/ 放弃 (U)/ 宽度 (W)]:

　　　　　　　　　　　　　　　　　　　// 按回车键结束命令

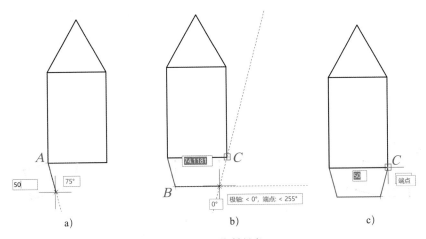

图 2-29 绘制尾部

a）绘制左侧斜线 b）绘制水平线 c）绘制右侧斜线

五、绘制机翼

两侧的机翼为平行四边形，可以用"直线"命令绘制，也可以用"多段线"命令绘制，绘图步骤相同。右侧机翼的绘图步骤如下：

1. 启动"多段线"命令，单击矩形的右下侧顶点。

2. 沿 -45° 方向移动光标，输入"60"，按回车键。

3. 竖直向上（90° 方向）移动光标，输入"60"，按回车键。

4. 沿 135° 方向移动光标，拾取极轴追踪线与矩形右侧边线的交点。

5. 按回车键结束命令。

用同样的方法绘制左侧机翼。机翼的绘制结果如图 2-30 所示。

至此，火箭模型绘制完毕。

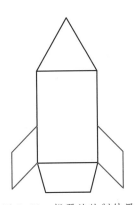

图 2-30 机翼的绘制结果

任务三　绘制六圆图

掌握常用"圆"命令的操作方法。

图 2-31 所示为由六个圆组成的图形，已知圆 O_1 的直径为 100 mm，圆 O_3 的直径为 280 mm，下面来学习如何绘制该图。

绘制圆的方法

在功能区"默认"选项卡下的"绘图"面板中，AutoCAD 2023 提供了绘制圆命令，默认状态下为用"圆心、半径"命令绘制圆，如果需要用其他方法（如"三点"）绘制圆，则需要单击"圆"的下拉按钮，展开绘圆命令的扩展面板，单击适合当前的绘制圆命令，如图 2-32 所示。

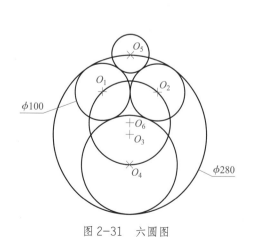

图 2-31　六圆图

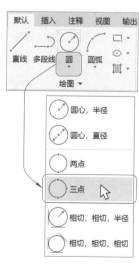

图 2-32　"圆"的下拉列表

功能解读

常用"圆"命令的功能

"圆心、半径"：用圆心和半径创建圆。

"三点"：用圆上的任意三点创建圆。

"相切、相切、半径"：以指定半径创建相切于两个图形对象的圆。

"相切、相切、相切"：创建相切于三个图形对象的圆。

一、分析图形

分析图 2–31 可知，圆 O_1 与圆 O_2 的直径相同，两圆相外切，圆心水平对齐；圆 O_3 为图中最大的圆，且与圆 O_1、圆 O_2 相内切；圆 O_4 与圆 O_1、圆 O_2 相外切，与圆 O_3 相内切；圆 O_5 的圆心在圆 O_3 的上侧象限点上，且与圆 O_1、圆 O_2 相外切；圆 O_6 过圆 O_1、圆 O_2 和圆 O_4 的圆心。

二、绘制圆 O_1 和圆 O_2

选择"acadiso.dwt"（公制空白样板），新建空白文件。单击"默认"→"绘图"→"圆"→"圆心、半径"按钮 ⊙，启动"圆心、半径"命令，系统给出以下提示：

命令：_circle

指定圆的圆心或 [三点 (3P)/ 两点 (2P)/ 切点、切点、半径 (T)]:

　　　　　　　　　// 在绘图区适当位置单击，指定一点作为圆 O_1 的圆心

指定圆的半径或 [直径 (D)]: 50　　　　// 输入圆的半径，按回车键，绘制圆 O_1

命令：CIRCLE　　　　　　　　　　// 按回车键重启"圆心、半径"命令

指定圆的圆心或 [三点 (3P)/ 两点 (2P)/ 切点、切点、半径 (T)]: 100

　　　// 捕捉圆 O_1 的圆心，水平向右移动光标，输入两圆的中心距（见图 2–33）

> // 按回车键，确定圆 O_2 的圆心位置
>
> 指定圆的半径或 [直径 (D)] <50.0000>:   // 按回车键，绘制圆 O_2
>
> （系统默认圆的半径为上次输入的数值）

圆 O_1 和圆 O_2 的绘制结果如图 2-34 所示。

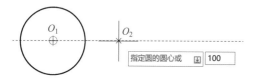

图 2-33 确定圆 O_2 的圆心位置

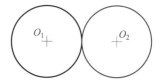

图 2-34 圆 O_1 和圆 O_2 的绘制结果

小贴士

在 AutoCAD 2023 命令行显示的命令提示中，命令选项的后面有时还带有尖括号 "<>"，其中的内容为系统默认的选项或参数，用户可以直接按回车键选择该选项或参数。

三、绘制圆 O_3

单击 "默认" → "绘图" → "圆" → "相切、相切、半径" 按钮 ⊘，启动 "相切、相切、半径" 命令，系统给出以下提示：

> 命令 : _circle
>
> 指定圆的圆心或 [三点 (3P)/ 两点 (2P)/ 切点、切点、半径 (T)]: _ttr
>
> 指定对象与圆的第一个切点 :   // 拾取圆 O_1 的轮廓线（见图 2-35a）
>
> 指定对象与圆的第二个切点 :   // 拾取圆 O_2 的轮廓线（见图 2-35b）
>
> 指定圆的半径 <50.0000>: 140   // 输入圆的半径，按回车键，绘制圆 O_3

圆 O_3 的绘制结果如图 2-36 所示。

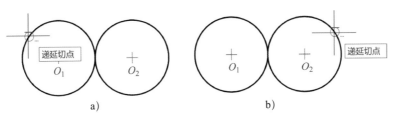

图 2-35　拾取圆的轮廓线

a）拾取圆 O_1 的轮廓线　b）拾取圆 O_2 的轮廓线

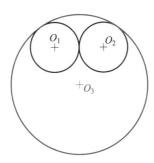

图 2-36　圆 O_3 的绘制结果

 小贴士

在拾取圆 O_1 和圆 O_2 的轮廓线时，必须在切点附件拾取，否则所绘圆的位置有可能不符合要求。

四、绘制圆 O_4

单击"默认"→"绘图"→"圆"→"相切、相切、相切"按钮 ⬡ ，启动"相切、相切、相切"命令，系统给出以下提示：

命令：_circle

指定圆的圆心或 [三点 (3P)/ 两点 (2P)/ 切点、切点、半径 (T)]: _3p

指定圆上的第一个点：_tan 到　　　　　　　　　　　// 拾取圆 O_1 的轮廓线

指定圆上的第二个点：_tan 到　　　　　　　　　　　// 拾取圆 O_2 的轮廓线

指定圆上的第三个点：_tan 到　　　　　　　　　　　// 拾取圆 O_3 的轮廓线

圆 O_4 的绘制结果如图 2-37 所示。

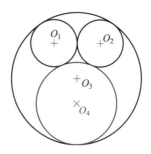

图 2-37　圆 O_4 的绘制结果

五、绘制圆 O_5

单击"默认"→"绘图"→"圆"→"圆心、半径"按钮 ⊙，启动"圆心、半径"命令，系统给出以下提示：

命令：_circle

指定圆的圆心或 [三点 (3P)/ 两点 (2P)/ 切点、切点、半径 (T)]:

　　　　　　　　　　　　　　　　　// 拾取圆 O_3 的上侧象限点

指定圆的半径或 [直径 (D)] <76.3807>:

　　　　　　　　　　　　// 拾取圆 O_2（见图 2-38）或圆 O_1 上的垂足

圆 O_5 的绘制结果如图 2-38 所示。

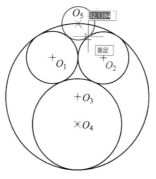

图 2-38　拾取圆 O_2 上的垂足

六、绘制圆 O_6

单击"默认"→"绘图"→"圆"→"三点"按钮 ○，启动"三点"绘圆命令，系统给出以下提示：

命令：_circle

指定圆的圆心或 [三点 (3P)/ 两点 (2P)/ 切点、切点、半径 (T)]: _3p

指定圆上的第一个点：   // 拾取圆 O_1 的圆心

指定圆上的第二个点：   // 拾取圆 O_2 的圆心

指定圆上的第三个点：   // 拾取圆 O_4 的圆心

圆 O_6 的绘制结果如图 2-39 所示。至此，六圆图绘制完毕。

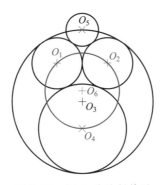

图 2-39　圆 O_6 的绘制结果

任务四　绘制晴雨伞

1. 掌握常用"圆弧"命令的使用方法。

2. 掌握设置多段线线宽的方法。

3. 培养使用 AutoCAD 命令选项的能力。

图 2-40 所示晴雨伞由伞帽、伞面、伞杆和手柄组成。伞杆和手柄的直径为 2 mm，伞帽下端的直径为 2 mm，上端的直径为 1 mm，其他各部分的尺寸如图 2-40 所示。下面来学习如何绘制该图。

绘制圆弧的方法

在功能区"默认"选项卡的"绘图"面板中，AutoCAD 2023 提供了绘制圆弧的命令，默认状态下为用"三点"命令绘制圆弧，如果需要用其他命令（如使用"起点、端点、半径"命令）绘制圆弧，则需要单击"圆弧"下拉按钮，展开绘制圆弧命令的扩展面板，单击合适的绘制圆弧命令，如图 2-41 所示。

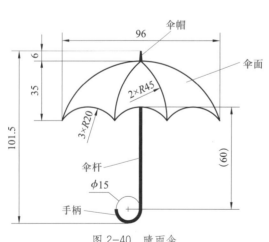

图 2-40 晴雨伞

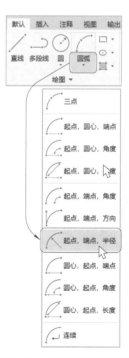

图 2-41 "圆弧"下拉列表

功能解读

常用"圆弧"命令的功能

"三点"：用三点创建圆弧。

"起点、端点、半径"：用起点、端点和半径创建圆弧。

"圆心、起点、端点"：用圆心、起点和用于确定端点的第三个点创建圆弧。

一、分析图形及绘制方法

绘图时可以先绘制伞面，然后绘制伞帽，最后绘制伞杆和手柄。伞面由一系列圆弧组成，绘图时可以先用"三点"命令绘制大圆弧，然后用"起点、端点、半径"命令绘制三个"*R*20"圆弧，最后绘制内侧的两个"*R*45"圆弧。伞帽的图线较粗，且下端粗，上端细，可用"多段线"命令绘制。伞杆和手柄的图线也较粗，上面为直线，下面为圆弧，也可用"多段线"命令绘制。

二、绘制伞面

1. 绘制外侧大圆弧

选择"acadiso.dwt"（公制空白样板），新建空白文件。单击"默认"→"绘图"→"圆弧"→"三点"按钮 ，启动"三点"绘制圆弧命令，系统给出以下提示：

命令：_arc

指定圆弧的起点或 [圆心 (C)]:

　　　　　　　// 在绘图区适当位置单击，指定一点作为外侧大圆弧的左侧端点

指定圆弧的第二个点或 [圆心 (C)/ 端点 (E)]: @48,35

　　　　　　　　　　　　　　　　// 输入第二个点的坐标，按回车键

指定圆弧的端点：@48,-35　　　　// 输入第三个点（终点）的坐标，按回车键

外侧大圆弧的绘制结果如图 2-42 所示。

图 2-42　外侧大圆弧的绘制结果

小贴士

在 AutoCAD 2023 命令行显示的命令提示中，线段的端点一般是指终点；多段线、矩形及多边形的端点包括两条线段之间的连接点。

2. 绘制下侧三个"R20"圆弧

（1）绘制右侧"R20"圆弧

单击"默认"→"绘图"→"圆弧"→"起点、端点、半径"按钮 ，启动"起点、端点、半径"绘制圆弧命令，系统给出以下提示：

命令：_arc

指定圆弧的起点或 [圆心 (C)]:　　　　　　　　　　　　// 拾取大圆弧的右侧端点

指定圆弧的第二个点或 [圆心 (C)/ 端点 (E)]: _e

指定圆弧的端点：32

　　　// 水平向左移动光标，输入终点到起点的距离（见图 2-43a），按回车键

指定圆弧的中心点 (按住 Ctrl 键以切换方向) 或 [角度 (A)/ 方向 (D)/ 半径 (R)]: _r

指定圆弧的半径 (按住 Ctrl 键以切换方向): 20

　　　　　　　　　　　　　　　　　　　　　　// 输入圆弧的半径，按回车键

右侧"R20"圆弧的绘制结果如图 2-43b 所示。

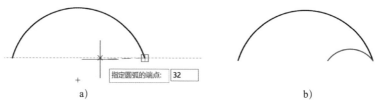

图 2-43　绘制右侧"R20"圆弧

a）指定右侧"R20"圆弧的端点　b）右侧"R20"圆弧的绘制结果

（2）绘制中间"R20"圆弧

1）启动"起点、端点、半径"绘制圆弧命令。

2）拾取右侧"R20"圆弧的左侧端点。

3）向左移动光标，输入终点到起点的距离"32"，按回车键。

4）输入圆弧半径"20"，按回车键。

中间"R20"圆弧的绘制结果如图2-44a所示。

（3）绘制左侧"R20"圆弧

1）启动"起点、端点、半径"绘制圆弧命令。

2）拾取中间"R20"圆弧的左侧端点。

3）拾取外侧大圆弧的左侧端点，然后移动光标离开拾取的目标点。

4）输入圆弧半径"20"，按回车键。

左侧"R20"圆弧的绘制结果如图2-44b所示。

a)　　　　　　　　　　　　　　　b)

图2-44　绘制中间和左侧"R20"圆弧
a）中间"R20"圆弧的绘制结果　b）左侧"R20"圆弧的绘制结果

 小贴士

　　利用"起点、端点、半径"命令绘制圆弧时，必须沿逆时针方向画弧。在利用"起点、端点、半径"命令绘制左侧"R20"圆弧时，如果拾取大圆弧左侧端点作为起点，中间"R20"圆弧左侧端点作为终止，则绘制的圆弧会向下凹，如图2-45所示。很显然，该圆弧不符合本任务的要求。

图2-45　不符合要求的圆弧画法

3. 绘制中间两个"*R45*"圆弧

利用"起点、端点、半径"命令绘制中间两个"*R45*"圆弧，绘制结果如图 2-46 所示。

图 2-46　中间两个"*R45*"圆弧的绘制结果

三、绘制伞帽

单击"默认"→"绘图"→"多段线"按钮 ，启动"多段线"命令，系统给出以下提示：

命令：_pline

指定起点：　　　　　　　　　　　　　　　// 拾取大圆弧的上侧象限点

当前线宽为 0.0000

指定下一个点或 [圆弧 (A)/ 半宽 (H)/ 长度 (L)/ 放弃 (U)/ 宽度 (W)]: W

　　　　　　　　　　　　　　// 单击"宽度 (W)"选项（见图 2-47）

指定起点宽度 <0.0000>: 2　　　// 输入伞帽下端起点的宽度"2"，按回车键

指定端点宽度 <2.0000>: 1　　　// 输入伞帽上端终点的宽度"1"，按回车键

指定下一个点或 [圆弧 (A)/ 半宽 (H)/ 长度 (L)/ 放弃 (U)/ 宽度 (W)]: 6

　　　　　　　　　　　　　　// 输入伞帽的高度，按回车键

指定下一点或 [圆弧 (A)/ 闭合 (C)/ 半宽 (H)/ 长度 (L)/ 放弃 (U)/ 宽度 (W)]:

　　　　　　　　　　　　　　// 按回车键结束命令

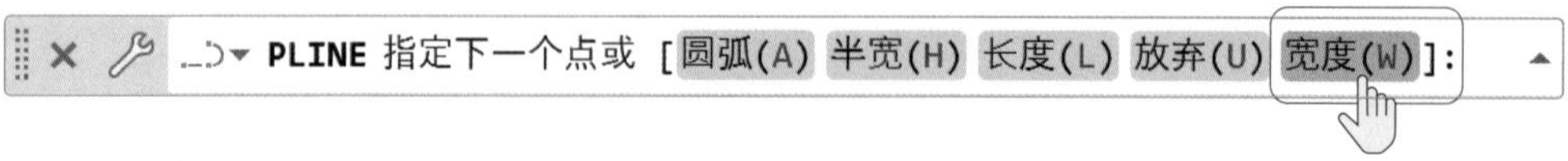

图 2-47　单击"宽度 (W)"选项

伞帽的绘制结果如图 2-48 所示。

图 2-48　伞帽的绘制结果

四、绘制伞杆和手柄

按回车键重启"多段线"命令，系统给出以下提示：

命令：_pline

指定起点：　　　　　　　　　　　　　// 拾取中间"R20"圆弧的上侧象限点

当前线宽为 1.0000

指定下一个点或 [圆弧 (A)/ 半宽 (H)/ 长度 (L)/ 放弃 (U)/ 宽度 (W)]: W

　　　　　　　　　　　　　　　　// 输入"W"，按回车键，启动"宽度"选项

指定起点宽度 <1.0000>: 2　　　　　　　// 输入起点的宽度"2"，按回车键

指定端点宽度 <2.0000>:　　　　　　　// 按回车键，默认多段线终点的宽度为"2"

指定下一个点或 [圆弧 (A)/ 半宽 (H)/ 长度 (L)/ 放弃 (U)/ 宽度 (W)]: 60

　　　　　　　　　　　　　　　　// 输入伞杆的长度"60"，按回车键

指定下一点或 [圆弧 (A)/ 闭合 (C)/ 半宽 (H)/ 长度 (L)/ 放弃 (U)/ 宽度 (W)]: A

　　　　　　　　　　　　　　　　// 输入"A"，按回车键，启动"圆弧"选项

指定圆弧的端点 (按住 Ctrl 键以切换方向) 或

[角度 (A)/ 圆心 (CE)/ 闭合 (CL)/ 方向 (D)/ 半宽 (H)/ 直线 (L)/ 半径 (R)/ 第二个点 (S)/

放弃 (U)/ 宽度 (W)]: 15　　　　// 水平向左移动光标，输入"15"，按回车键

指定圆弧的端点 (按住 Ctrl 键以切换方向) 或

[角度 (A)/ 圆心 (CE)/ 闭合 (CL)/ 方向 (D)/ 半宽 (H)/ 直线 (L)/ 半径 (R)/ 第二个点 (S)/

放弃 (U)/ 宽度 (W)]:　　　　　　　　　　// 按回车键结束命令

伞杆和手柄的绘制结果如图 2-49 所示。至此，晴雨伞绘制完毕。

图 2-49 伞杆和手柄的绘制结果

任务五 绘 制 云 朵

培养使用"圆弧"命令的能力。

图 2-50 所示的云朵由上、下、左、右 4 段圆弧组成，各圆弧的圆心位于同一条水平线上，左、右圆弧的圆心位置由尺寸"60"确定。左、右两段圆弧标注了半径尺寸和角度尺寸，下面来学习如何绘制该图。

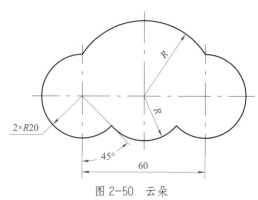

图 2-50 云朵

一、分析图形及绘制方法

图 2-50 所示云朵由 4 段圆弧组成，左、右两段圆弧可以用"圆弧"命令中的"圆心、起点、端点"命令或"圆心、起点、角度"命令绘制；上、下两段圆弧在图中只表示了圆弧起点和终点的位置及圆心位置，只能用"圆心、起点、端点"命令绘制。

二、绘制左侧"*R*20"圆弧

绘制左侧"*R*20"圆弧可以用"圆心、起点、端点"绘制圆弧命令。

选择"acadiso.dwt"（公制空白样板），新建空白文件。单击"默认"→"绘图"→"圆弧"→"圆心、起点、端点"按钮 ，启动"圆心、起点、端点"绘制圆弧命令，系统给出以下提示：

命令：_arc

指定圆弧的起点或 [圆心 (C)]: _c

指定圆弧的圆心：   // 在绘图区适当位置单击

                  // 指定一点作为左侧"*R*20"圆弧的圆心

指定圆弧的起点 :20   // 竖直向上移动光标，输入圆弧的半径（见图 2-51a）

指定圆弧的端点 (按住 Ctrl 键以切换方向) 或 [角度 (A)/ 弦长 (L)]:

            // 拾取从圆心引出的 315° 追踪线上的任意一点（见图 2-51b）

左侧"*R*20"圆弧的绘制结果如图 2-51b 所示。

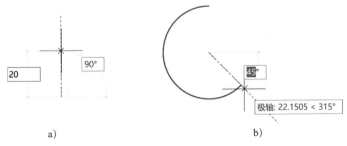

a)   b)

图 2-51 绘制左侧"*R*20"圆弧

a）指定圆弧的起点 b）拾取圆弧的终点

三、绘制右侧"R20"圆弧

单击"默认"→"绘图"→"圆弧"→"圆心、起点、端点"按钮 ⌒，启动"圆心、起点、端点"绘制圆弧命令，系统给出以下提示：

命令：_arc

指定圆弧的起点或 [圆心 (C)]: _c

指定圆弧的圆心 : 60　　　　　 // 捕捉左侧"R20"圆弧的圆心，水平向右移动光标

　　　　　　　　　　// 输入所绘圆弧的圆心到捕捉点的距离（见图 2-52a），按回车键

指定圆弧的起点 :　　　　　　　　　　　　// 拾取起点的竖直追踪线

　　　　　　// 与左侧圆弧上端点水平追踪线的交点（见图 2-52b）

指定圆弧的端点 (按住 Ctrl 键以切换方向) 或 [角度 (A)/ 弦长 (L)]:

　　　　// 按住 Ctrl 键，拾取从圆心引出的 225° 追踪线上的任意一点（见图 2-52c）

右侧"R20"圆弧的绘制结果如图 2-52c 所示。

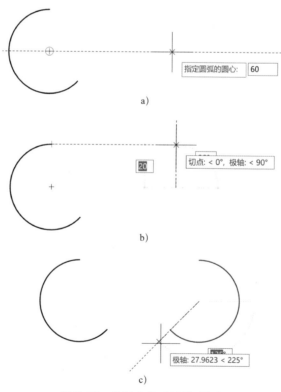

图 2-52　绘制右侧"R20"圆弧

a）定位圆弧的圆心　b）拾取圆弧的起点　c）拾取圆弧的终点

四、绘制上侧大圆弧

单击"默认"→"绘图"→"圆弧"→"圆心、起点、端点"按钮 ⌒ ，启动"圆心、起点、端点"绘制圆弧命令，系统给出以下提示：

命令：_arc

指定圆弧的起点或 [圆心 (C)]：_c

指定圆弧的圆心：30　　　　// 捕捉左侧"R20"圆弧的圆心，水平向右移动光标

　　　　　　　　　　　　　// 输入所绘圆弧的圆心到捕捉点的距离，按回车键

指定圆弧的起点：　　　　　　　　　　　　　// 拾取右侧圆弧的上端点

指定圆弧的端点 (按住 Ctrl 键以切换方向) 或 [角度 (A)/ 弦长 (L)]：

　　　　　　　　　　　　　　　　　　　　// 拾取左侧圆弧的上端点

上侧大圆弧的绘制结果如图 2-53 所示。

五、绘制下侧中间圆弧

绘制下侧中间圆弧的方法与绘制上侧大圆弧的方法相同，步骤如下：

1. 启动"圆心、起点、端点"绘制圆弧命令。

2. 拾取上侧大圆弧的圆心。

3. 拾取左侧圆弧的下端点。

4. 拾取右侧圆弧的下端点。

下侧中间圆弧的绘制结果如图 2-54 所示。至此，云朵绘制完毕。

图 2-53　上侧大圆弧的绘制结果

图 2-54　下侧中间圆弧的绘制结果

项目三
编辑平面图形

在使用"绘图"命令绘图时，必须配合使用"修改"命令才可以绘制复杂的平面图形，对"修改"命令的熟练掌握和使用可以极大地提高绘图速度。在功能区"默认"选项卡下的"修改"面板（见图 3-1）中和菜单栏中的"修改（M）"菜单（见图 3-2）中包含了各种"修改"命令。本项目结合选择图形对象，编辑图形夹点，通过绘制客厅玄关、洗手台、呆扳手、孔板、五孔桥、阶梯轴、计算器、花坛、小书架等典型任务，重点介绍常用"修改"命令的操作方法，以及选择图形和编辑夹点的方法。

图 3-1　"默认"选项卡下的"修改"面板

图 3-2　菜单栏中的"修改（M）"菜单

任务一　选择图形对象

掌握选择对象的常用方法，能熟练选择图形对象。

在使用 AutoCAD 2023 进行绘图时，选择对象是一个非常重要的步骤，只有正确地选择对象，才能进行后续的编辑和操作。选择对象常用在对对象进行修改、编辑之前。选择对象的常用方法有点选择、窗口选择和窗交选择三种，下面以选择图 3-3 所示太阳花中的图形对象为例，熟练掌握选择对象的方法。

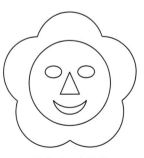

图 3-3　太阳花

一、"点"选择对象

选择配套资源中的"\AutoCAD 2023基础与应用素材库\项目三素材\"文件夹，打开太阳花源文件，如图3-3所示。

将光标移动到圆上，被捕捉到的对象呈灰色半透明遮罩（见图3-4a），单击鼠标左键即可选中该对象。被选中的对象呈蓝色半透明遮罩，对象的夹点呈蓝色显示，如图3-4b所示。这种通过单击选择对象的方法称为"点"选择。"点"选择是最基本、最简单的一种选择方式，此种方式一次只能选择一个对象，可以通过连续单击多个对象的方式选择多个对象。

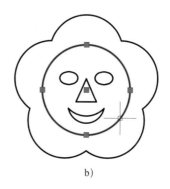

a)　　　　　　　　　　　　b)

图 3-4　"点"选择对象

a）捕捉对象　b）点选对象

　小贴士

图3-3所示太阳花的鼻子（等腰三角形）是用"多段线"命令绘制的，多段线（包括用"矩形"和"多边形"命令绘制的图形）属于单一复合对象，无论它们包含多少段直线或圆弧，选择时都被作为一个整体看待。

二、"窗口"选择对象

将光标移到太阳花左侧眼睛的左上侧（或左下侧）单击鼠标左键，然后向右下侧（或右上侧）移动鼠标拉出一个矩形框（即"窗口"选择框），选择框以实线显示，内部以浅蓝色填充，如图3-5a所示。再次单击鼠标左键，则完全位于矩形窗口中的两个眼睛被选中，与边界相交的对象（鼻子）及边界之外的对象（嘴、脸的轮廓、花边）则不会被选中，如图3-5b所示。这种从左向右用鼠标拉出一个矩形框选择对象的方法称为"窗口"选择。

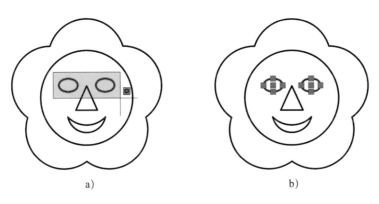

a)　　　　　　　　　　　　　　　b)

图3-5　"窗口"选择对象

a)"窗口"选择框　b)"窗口"选择结果

三、"窗交"选择对象

将光标移到太阳花嘴的右下侧（或眼睛的右上侧）单击鼠标左键，向左上侧（或左下侧）拉出一个矩形框（即"窗交"选择框），选择框以点线显示，内部以浅绿色填充（见图3-6a），则与选择框相交的嘴和眼睛、完全位于框内的鼻子都被选中，如图3-6b所示。这种从右向左用鼠标拉出一个矩形框选择对象的方法称为"窗交"选择。

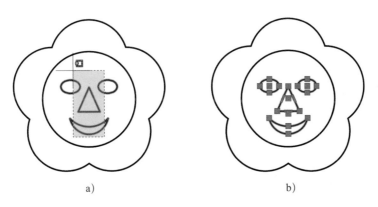

a)　　　　　　　　　　　　　　　b)

图3-6　"窗交"选择对象

a)"窗交"选择框　b)"窗交"选择结果

小贴士

　　各种选择方式可以叠加使用；按 Esc 键可取消全部对象的选择；按住 Shift 键捕捉要取消选择的对象，十字光标右上侧显示矩形框，单击即可取消对该对象的选择。

任务二　编辑直线、圆和圆弧的夹点

学习目标

掌握利用夹点编辑直线、圆和圆弧的方法。

任务描述

　　一般情况下，图形的大部分图线都是直线、圆和圆弧。在绘制图形的过程中，往往需要修改直线的长度、圆的大小、圆弧的半径和弧长等，利用夹点编辑的方法，能非常方便地对其进行修改。

任务实施

一、拉伸直线

1. 绘制一条长度为 50 mm 的直线。

2. 选择该直线，捕捉其右上端点，该端点显示为红色，同时弹出一个快捷菜单，单击"拉长"命令（见图 3-7a）。

3. 移动光标，拉长直线。同时在直线延伸的方向上出现一个显示拉伸长度的动态数据框（见图 3-7b）。

4. 输入要拉伸的具体数值 "10"，按回车键，即可将该直线拉长 10 mm，如图 3-7c 所示。

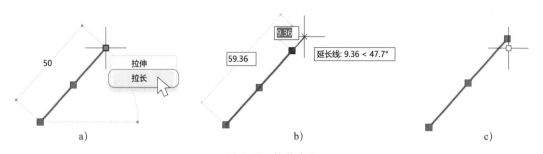

图 3-7　拉伸直线

a）单击"拉长"命令　b）移动光标，拉长直线　c）拉伸结果

小贴士

①图 3-7a 中的"拉伸"命令可以使直线在任意方向上伸缩，"拉长"命令只能使直线沿直线所在的方向上伸缩。

②若拉伸的长度要求不严格，可在直线延长适当长度后单击鼠标左键确定拉伸长度。缩短直线的方法与之类似，只是光标应朝着使直线缩短的方向移动。

二、修改圆的半径

1. 绘制一个任意半径的圆，然后选中圆的任意一个象限点作为编辑的夹点（见图 3-8a）。

2. 在编辑框中输入新的半径尺寸 "12" 后按回车键，即可得到赋予新值的圆（见图 3-8b）。

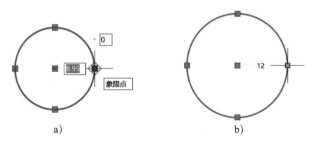

图 3-8　利用"夹点"修改圆的半径

a）选中象限点　b）修改结果

拉伸象限点到需要的位置（如直线的"垂足"），也可以使圆的半径符合相应的几何要求（如与直线相切）。

三、修改圆弧的半径和弧长

1. 修改圆弧的半径

（1）绘制一段任意的圆弧，选择圆弧，捕捉圆弧的中点，弹出快捷菜单，单击"半径"命令（见图3-9a）。

（2）输入新的半径尺寸"20"后按回车键，即可得到赋予新值的圆弧（见图3-9b）。

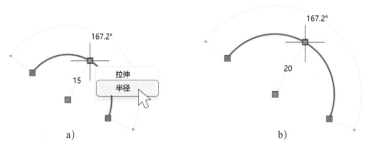

图 3-9　利用"夹点"修改圆弧的半径

a）单击"半径"命令　b）修改结果

2. 修改圆弧的弧长

（1）绘制一段任意的圆弧，选择圆弧，捕捉圆弧的右下端点，弹出快捷菜单，单击"拉长"命令，如图3-10a所示。

（2）移动光标，拉长圆弧。同时在直线延伸的方向上出现一个显示端点极轴角的数据框（见图3-10b）。

（3）输入新极轴角的数值"55"即可修改端点的极轴角，如图3-10c所示。

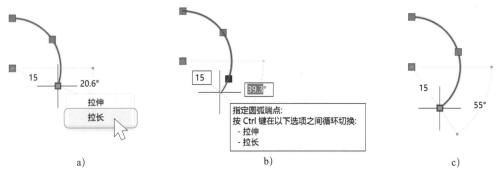

图 3-10　利用夹点修改圆弧的弧长

a）单击"拉长"命令　b）移动光标，拉长圆弧　c）修改结果

小贴士

选择直线后拾取其中点，可任意移动直线；选择圆和圆弧后拾取其圆心，可任意移动圆和圆弧。

任务三　编辑矩形和正多边形的夹点

能熟练使用编辑夹点的方法修改图形。

通过编辑夹点可以方便、迅速地修改图形。图 3-11 所示内凹五边形、凸尖五边形和等腰梯形分别由正五边形、矩形和正六边形修改得到。绘图时，应先绘制正多边形或矩形，然后通过编辑夹点的方法对图形进行修改。下面来学习如何绘制这三个图形。

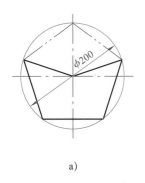

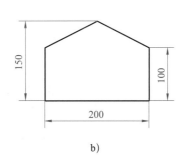

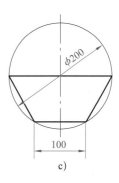

a)　　　　　　　　　　　　b)　　　　　　　　　　c)

图 3-11　编辑夹点

a）内凹五边形　b）凸尖五边形　c）等腰梯形

图 3-11 所示图形都是由正多边形或矩形演变而来的，可以通过编辑正多边形或矩形的夹点快速绘制。

一、绘制内凹五边形

图 3-11 所示的内凹五边形由正五边形演变而来，绘图时可先绘制正五边形，然后将其编辑成内凹五边形。

1. 绘制正五边形

选择"acadiso.dwt"（公制空白样板），新建空白文件。单击"默认"→"绘图"→"多边形"按钮 ⬠，启动"多边形"命令，系统给出以下提示：

命令：_polygon

输入侧面数 <4>: 5   // 输入正多边形的边数，按回车键

指定正多边形的中心点或 [边 (E)]:

                 // 在绘图区适当位置单击，指定一点作为正多边形的中心点

输入选项 [内接于圆 (I)/ 外切于圆 (C)] <I>:

                      // 按回车键，默认"内接于圆（I）"选项

指定圆的半径：100   // 输入正五边形外接圆的半径，按回车键

正五边形的绘制结果如图 3-12 所示。

2. 编辑上侧顶点

（1）选择正五边形，单击其上侧顶点，竖直向下移动光标，捕捉正五边形的几何中心（见图 3-13a），单击。

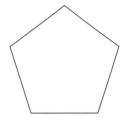

图 3-12　正五边形的绘制结果

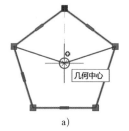

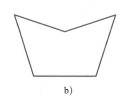

图 3-13　绘制内凹边

a）捕捉正五边形的几何中心　b）绘制结果

（2）按 Esc 键取消选择。绘制结果如图 3-13b 所示。

二、绘制凸尖五边形

图 3-11 所示的凸尖五边形由矩形演变而来，可先绘制矩形，然后将其编辑成凸尖五边形。

1．绘制矩形

单击"默认"→"绘图"→"矩形"按钮 ▢，启动"矩形"命令，系统给出以下提示：

命令：_rectang

指定第一个角点或 [倒角 (C)/ 标高 (E)/ 圆角 (F)/ 厚度 (T)/ 宽度 (W)]：

         // 在绘图区适当位置单击，指定一点作为矩形的一个顶点

指定另一个角点或 [面积 (A)/ 尺寸 (D)/ 旋转 (R)]：D

        // 输入"D"，按回车键，启动"尺寸（D）"选项

指定矩形的长度 <10.0000>：200   // 输入矩形的长度尺寸，按回车键

指定矩形的宽度 <10.0000>：100   // 输入矩形的宽度尺寸，按回车键

指定另一个角点或 [面积 (A)/ 尺寸 (D)/ 旋转 (R)]： // 在绘图区适当位置单击

矩形的绘制结果如图 3-14 所示。

2．添加顶点

（1）选择矩形。

（2）捕捉上侧轮廓线的中点，中点由蓝色变为红色，同时系统自动弹出快捷菜单。

（3）单击"添加顶点"命令，如图 3-15 所示。

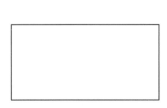

图 3-14　矩形的绘制结果

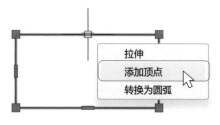

图 3-15　单击"添加顶点"命令

（4）竖直向上移动光标，输入"50"，按回车键，如图 3-16a 所示。

（5）按 Esc 键取消选择。绘制结果如图 3-16b 所示。

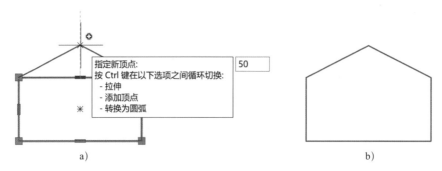

a)

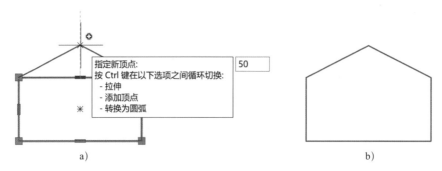

b)

图 3-16　绘制凸尖
a）添加新顶点　b）绘制结果

三、绘制等腰梯形

图 3-11 所示的等腰梯形由正六边形演变而来，可先绘制正六边形，然后将其编辑成等腰梯形。

1. 启动"多边形"命令，绘制一个内接圆半径为 100 mm 的正六边形。

2. 选择正六边形，将光标移到正六边形的左上侧顶点上，系统自动弹出快捷菜单，如图 3-17 所示。

3. 单击"删除顶点"命令，删除左上侧顶点，如图 3-18 所示。

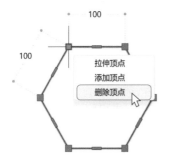

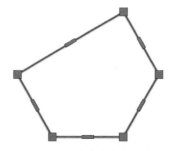

图 3-17　绘制正六边形并捕捉其左上侧顶点

图 3-18　删除左上侧顶点

4. 用同样的方法删除正六边形的右上侧顶点。

5. 按 Esc 键取消选择。绘制结果如图 3-19 所示。

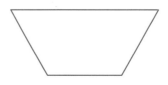

图 3-19　等腰梯形的绘制结果

小贴士

选中多段线（包括用"矩形"或"多边形"命令绘制的图形），其中点以实心矩形框显示；选中用"直线""圆""圆弧""椭圆"命令绘制的线，其中点以实心正方形框显示。显示为实心矩形框的中点可以通过"添加顶点"命令在中点位置添加顶点，显示为实心正方形框的中点，不可以添加顶点。

任务四　绘制客厅玄关

 学习目标

掌握"移动""倒角""修剪""旋转"命令的操作方法。

 任务描述

图 3-20 所示为客厅玄关，由墙体、右侧的门口和左侧的窗户组成。绘图时应先画墙体，然后绘制门口、窗户及窗户上的搁架。下面来学习如何绘制该图。

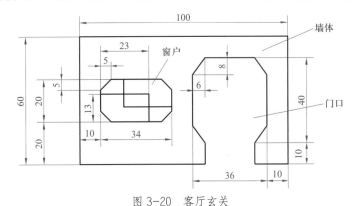

图 3-20　客厅玄关

一、绘制墙体矩形

选择 "acadiso.dwt"（公制空白样板），新建空白文件。启动 "矩形" 命令，绘制一个长度为 100 mm，宽度为 60 mm 的矩形，如图 3-21 所示。

图 3-21　绘制墙体矩形

二、绘制门口

1. 绘制门口的矩形轮廓

绘制门口时，需要先绘制一个长度为 36 mm，宽度为 40 mm 的矩形。在命令行输入 "REC" 后按回车键，启动 "矩形" 命令，系统给出以下提示：

命令：REC

RECTANG

指定第一个角点或 [倒角 (C)/ 标高 (E)/ 圆角 (F)/ 厚度 (T)/ 宽度 (W)]:

　　　　　　// 单击墙体矩形的右下侧顶点，作为门口矩形的一个顶点

指定另一个角点或 [面积 (A)/ 尺寸 (D)/ 旋转 (R)]: @-36,40

　　　　　　// 输入左上侧顶点的相对直角坐标，按回车键

门口矩形的绘制结果如图 3-22 所示。

2. 移动门口矩形

识读图 3-20 可知，门口矩形右侧边到墙体右侧边的距离为 10 mm，门口矩形下侧边到墙体下侧边的距离也为 10 mm。移动图形对象，可以使用 "移动" 命令。单击功能区 "修改" → "移动" 按钮 ✛，启动 "移动" 命令，系统给出以下提示：

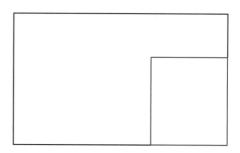

图 3-22　门口矩形的绘制结果

命令：_move

选择对象：指定对角点：找到 1 个 　　　　　　　　　　　　　　// 选择门口矩形

选择对象： 　　　　　　　　　　　　　　　　　　　　　// 按回车键结束选择

指定基点或 [位移 (D)] < 位移 >: 　　　　　　　　　　　// 在屏幕上的任意位置单击

指定第二个点或 < 使用第一个点作为位移 >: @-10,10

　　　　　　　　　　　　　　　　　　　　　　　　// 输入位移的相对直角坐标，按回车键

门口矩形的移动结果如图 3-23 所示。

3. 绘制门口倒角

从图 3-20 可以看出，在门口矩形的四角都进行了倒角，绘制倒角时可以使用"倒角"命令。单击功能区"修改"→"圆角"按钮右侧的下拉按钮，在展开的面板中单击"倒角"按钮 ⌐（见图 3-24），启动"倒角"命令，系统给出以下提示：

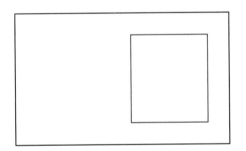

图 3-23　门口矩形的移动结果

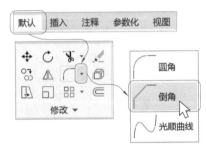

图 3-24　单击"倒角"按钮

命令：_chamfer

("修剪"模式) 当前倒角距离 1 = 5.00，距离 2 = 5.00

选择第一条直线或 [放弃 (U)/ 多段线 (P)/ 距离 (D)/ 角度 (A)/ 修剪 (T)/ 方式 (E)/ 多

个 (M)]: D　　　　　　　　　　　　　// 输入"D"，按回车键，启动"距离"选项

指定第一个倒角距离 <5.00>: 8　　　　　　　// 输入倒角的竖向尺寸，按回车键

指定第二个倒角距离 <8.00>: 6　　　　　　　// 输入倒角的横向尺寸，按回车键

选择第一条直线或 [放弃 (U)/ 多段线 (P)/ 距离 (D)/ 角度 (A)/ 修剪 (T)/ 方式 (E)/ 多

个 (M)]: M

// 输入"M"，按回车键，启动"多个（M）"选项（系统默认为"修剪"模式）

选择第一条直线或 [放弃 (U)/ 多段线 (P)/ 距离 (D)/ 角度 (A)/ 修剪 (T)/ 方式 (E)/ 多

个 (M)]:   // 单击门口矩形的左侧边

选择第二条直线，或按住 Shift 键选择直线以应用角点或 [距离 (D)/ 角度 (A)/ 方

法 (M)]:   // 单击门口矩形的上侧边，完成一个倒角的绘制

……   // 依次完成其他倒角

                        // 注意：单击直线的顺序必须与指定倒角距离的顺序一致

选择第一条直线或 [放弃 (U)/ 多段线 (P)/ 距离 (D)/ 角度 (A)/ 修剪 (T)/ 方式 (E)/ 多

个 (M)]:   // 按回车键结束命令

门口倒角的绘制结果如图 3-25 所示。

4. 绘制门口下侧的两条竖线

启动"直线"命令，绘制门口下侧的两条竖线，如图 3-26 所示。

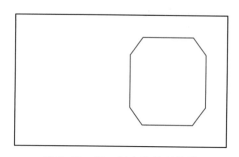

图 3-25　门口倒角的绘制结果

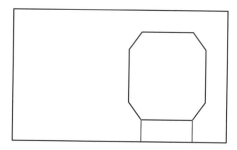

图 3-26　绘制门口下侧的两条竖线

5. 修剪门口的多余图线

修剪图线需要使用"修剪"命令。

（1）单击功能区"修改"→"修剪"按钮 ，启动"修剪"命令，此时光标变为

选择光标（ □ ）。

（2）可以用滑动光标的方式修剪多余图线。在需要修剪图线的附近按下鼠标左键

（光标变为拾取点光标，并在附近增加了一个红色"×"号），按着鼠标左键划过需要

修剪的线段（见图 3-27），将要被修剪的线段变为淡灰色。松开鼠标左键，则介于两竖

线之间的部分（两条横线）被修剪掉了（默认两侧的相交线为修剪边界）。

（3）按回车键结束修剪。门口的修剪结果如图 3-28 所示。

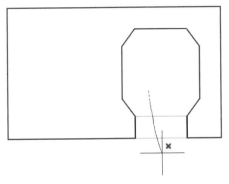

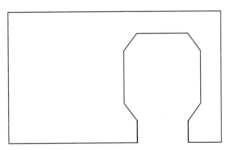

图 3-27　用滑动光标的方式修剪多余图线　　　　图 3-28　门口的修剪结果

小贴士

　　在用 AutoCAD 2023 绘图的过程中，经常需要修剪图形，AutoCAD 2023 提供了多种修剪方法，用户可以根据需要选择合适的方法，以便快速绘图。

　　①启动"修剪"命令后，在需要修剪图线的一侧单击鼠标左键，然后移动光标到图线的另一侧，此时光标和第一次单击点之间出现一条点状直线，同时与该点状直线相交的图线变为淡灰色，如图 3-29a 所示。再次单击鼠标左键，则与点状直线相交的图线被修剪掉了。

　　②启动"修剪"命令后，拾取点光标附近增加了一个红色的叉号，捕捉需要修剪的图线，则被修剪的对象变为淡灰色（见图 3-29b）。单击要修剪的对象，同样可以修剪掉该图线。

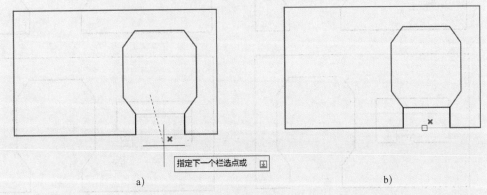

图 3-29　修剪图线的两种方法
a）在需要修剪图线（线段）的两侧单击　b）拾取要修剪的图线（线段）

三、绘制窗户

1. 绘制窗户矩形

启动"矩形"命令，在墙体矩形的左下角绘制一个长度为 34 mm、宽度为 20 mm 的矩形，如图 3-30 所示。

2. 移动窗户矩形

启动"移动"命令，将窗户矩形向右上方移动（向右 10 mm，向上 20 mm），如图 3-31 所示。

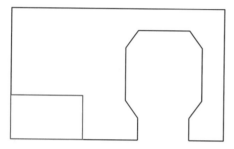

图 3-30　绘制窗户矩形

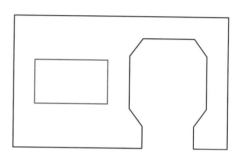

图 3-31　移动窗户矩形

3. 绘制窗户内侧的搁架

（1）启动"多段线"命令，拾取窗户的左下侧端点，如图 3-32a 所示。

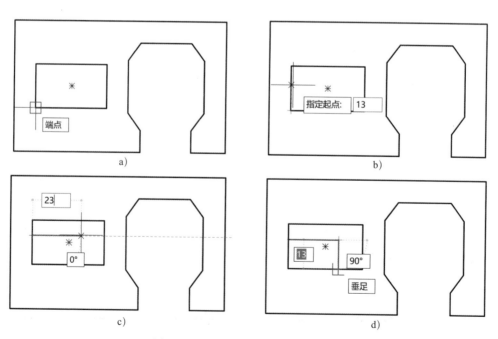

图 3-32　绘制窗户内侧的搁架（一）

a）捕捉窗户的左下侧端点　b）拾取多段线的起点　c）绘制横线　d）绘制竖线

（2）竖直向上移动光标，输入"13"，按回车键，如图 3-32b 所示。

（3）水平向右移动光标，输入"23"，按回车键，如图 3-32c 所示。

（4）竖直向下移动光标，拾取下侧窗框的垂足，如图 3-32d 所示。

（5）按回车键结束命令。

（6）单击功能区"修改"→"旋转"按钮"　　"，启动"旋转"命令，系统给出以下提示：

命令：_rotate

UCS 当前的正角方向：ANGDIR= 逆时针 ANGBASE=0.0

选择对象：指定对角点：找到 1 个　　　　　　　　 // 选择刚刚绘制的多段线

选择对象：　　　　　　　　　　　　　　　　　　 // 按回车键结束选择

指定基点：　　　　　　　　　　　　　　　　// 拾取窗户矩形的几何中心（见图 3-33a）

指定旋转角度，或 [复制 (C)/ 参照 (R)] <0.0>: C

　　　　　　　　　　　　　　　　　　 // 输入"C"，启动"复制（C）"选项

旋转一组选定对象。

指定旋转角度，或 [复制 (C)/ 参照 (R)] <0.0>:

　　　　　　　　　　　　　　　　　 // 水平向左移动光标（见图 3-33b），单击

　　　　　　　　　　　　　　　　　 //（也可以输入旋转角度值"180"，按回车键）

复制并旋转多段线的结果如图 3-33c 所示。

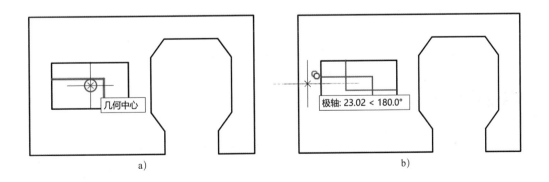

a)　　　　　　　　　　　　　　　　　　　　　b)

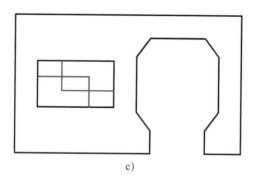

c)

图 3-33　绘制窗户内侧的搁架（二）

a）拾取几何中心　b）水平向左移动光标　c）复制并旋转多段线的结果

4. 绘制窗户倒角

（1）启动"倒角"命令。

（2）将两个倒角距离都设置为"5"。

（3）对窗户矩形的 4 个端点进行倒角。

窗户的倒角结果如图 3-34 所示。至此，客厅玄关绘制完毕

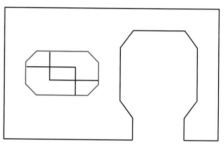

图 3-34　窗户的倒角结果

任务五　绘制洗手台

学习目标

掌握"多点""椭圆""圆角"命令的操作方法。

任务描述

图 3-35 所示的洗手台由台面、盆沿、盆体、上水管连接孔和排水孔等组成。台面为矩形，盆沿由两段椭圆弧组成，盆体为椭圆形，上水管连接孔和排水孔为圆形。此

外，图形中有两个圆角和两处圆弧过渡。绘图时应先画矩形，然后绘制椭圆或椭圆弧，最后绘制倒角和三个小圆。下面来学习如何绘制该图。

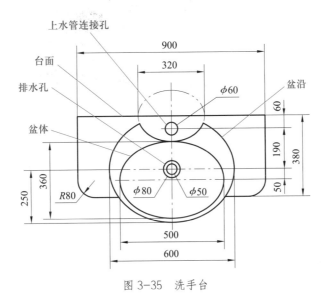

图 3-35 洗手台

一、绘制台面矩形

选择 "acadiso.dwt"（公制空白样板），新建空白文件。启动 "矩形" 命令，绘制一个长度为 900 mm，宽度为 380 mm 的矩形，如图 3-36 所示。

二、绘制椭圆及圆的圆心点

为了便于绘制圆和椭圆，可以先在椭圆中心点和圆心的位置绘制点。

图 3-36 绘制台面矩形

1. 设置点的样式

（1）单击功能区 "默认" → "实用工具" → "点样式" 按钮 ，弹出 "点样式" 对话框，如图 3-37 所示。

（2）选择按钮样式为 "⊠"。"点大小" 采用默认值 "5"，选择 "相对于屏幕设置大小（R）"。

（3）单击 "确定" 按钮，完成 "点样式" 的设置。

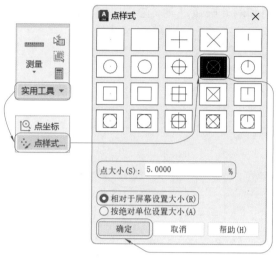

图 3-37　设置"点样式"

2. 绘制定位点

（1）展开功能区"默认"→"绘图"的扩展面板，单击"多点"按钮 ⣿（见图 3-38），启动"多点"命令。

（2）捕捉台面矩形上侧横线的中点，单击鼠标左键，绘制定位点 *A*。

（3）捕捉刚刚绘制的点，竖直向下移动光标，输入"60"，单击鼠标左键，绘制定位点 *B*。

（4）继续捕捉刚刚绘制的点，竖直向下移动光标，输入"190"，单击鼠标左键，绘制定位点 *C*。

（5）继续捕捉刚刚绘制的点，竖直向下移动光标，输入"50"，单击鼠标左键，绘制定位点 *D*。

（6）按 Esc 键结束命令。

定位点的绘制结果如图 3-39 所示。

图 3-38　启动"多点"命令

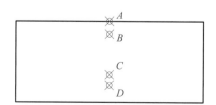

图 3-39　定位点的绘制结果

三、绘制盆体

单击功能区"默认"→"绘图"→"圆心"绘制椭圆按钮 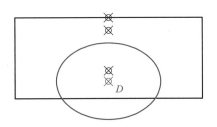，启动"圆心"绘制椭圆命令，系统给出以下提示：

命令：_ellipse

指定椭圆的轴端点或 [圆弧 (A)/ 中心点 (C)]:_c

指定椭圆的中心点： // 拾取 *D* 点（见图 3–40）

指定轴的端点：250

// 向右（或向左）移动光标，输入椭圆水平方向半轴的长度，按回车键

指定另一条半轴长度或 [旋转 (R)]:180

// 输入椭圆竖直方向半轴的长度，按回车键

盆体椭圆的绘制结果如图 3–40 所示。

图 3–40 盆体椭圆的绘制结果

小贴士

　　AutoCAD 2023 中提供了两种绘制椭圆的方式，一种是上述使用的"圆心"绘制椭圆的方式，另一种是"轴、端点"绘制椭圆的方式。系统默认为"圆心"方式，单击"默认"→"圆心"按钮右侧的下拉按钮，可以在展开的面板中单击"轴、端点"按钮，如图 3–41 所示。

　　所谓"轴、端点"方式，是指定一条轴的两个端点和另一条轴的半轴长，即可精确绘制椭圆。

　　在"椭圆"命令的展开面板上还包含"椭圆弧"按钮 ，启动"椭圆弧"命令可以绘制任意起点和终点的椭圆弧。

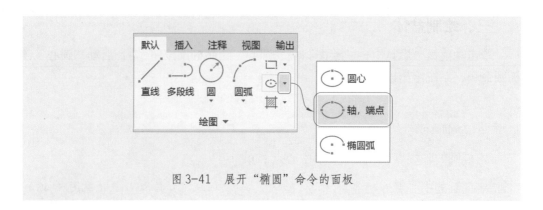

图 3-41　展开"椭圆"命令的面板

四、绘制盆沿

盆沿由两段椭圆弧组成。绘图时，可以先绘制两个椭圆，然后使用"修剪"命令删除多余的图线。

1. 绘制盆沿大椭圆

（1）启动"圆心"绘制椭圆命令。

（2）拾取 *C* 点。

（3）向右（或向左）移动光标，输入椭圆水平方向半轴的长度"300"，按回车键。

（4）输入椭圆竖直方向半轴的长度"250"，按回车键（也可以直接拾取 *A* 点）。

盆沿大椭圆的绘制结果如图 3-42 所示。

2. 绘制盆沿上侧小椭圆

（1）启动"圆心"绘制椭圆命令。

（2）拾取 *A* 点。

（3）拾取盆体椭圆的上侧象限点。

（4）输入椭圆水平方向半轴的长度"160"，按回车键。

盆沿上侧小椭圆的绘制结果如图 3-43 所示。

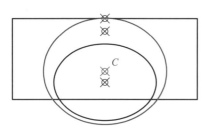

图 3-42　盆沿大椭圆的绘制结果

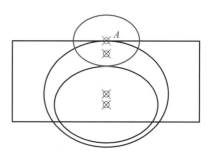

图 3-43　盆沿上侧小椭圆的绘制结果

3. 修剪盆沿

启动"修剪"命令，对盆沿的两个椭圆进行修剪，然后对台面矩形多余的图线进行修剪。修剪结果如图 3-44 所示。

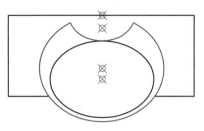

图 3-44　盆沿及台面的修剪结果

五、台面下侧两端倒圆角

单击功能区"默认"→"修改"→"圆角"按钮 ，启动"圆角"命令，系统给出以下提示：

命令：_fillet

当前设置：模式 = 修剪，半径 = 0.0000　　　　　　　//系统默认修剪图线

选择第一个对象或 [放弃 (U)/ 多段线 (P)/ 半径 (R)/ 修剪 (T)/ 多个 (M)]: R

　　　　　　　　　　//输入"R"，按回车键，启动"半径（R）"选项

指定圆角半径 <0.0000>: 80　　　　　　　　//输入圆角半径，按回车键

选择第一个对象或 [放弃 (U)/ 多段线 (P)/ 半径 (R)/ 修剪 (T)/ 多个 (M)]: M

　　　　　　　　　　//输入"M"，按回车键，启动"多个（M）"选项

选择第一个对象或 [放弃 (U)/ 多段线 (P)/ 半径 (R)/ 修剪 (T)/ 多个 (M)]:

　　　　　　　　　　　　　　//拾取台面矩形的左侧边线

选择第二个对象，或按住 Shift 键选择对象以应用角点或 [半径 (R)]:

　　　　　　　　　　//拾取台面矩形的下侧边线，完成左侧倒圆角

……　　　　　//分别拾取台面矩形右下侧端点的两条边，完成右侧倒圆角

选择第一个对象或 [放弃 (U)/ 多段线 (P)/ 半径 (R)/ 修剪 (T)/ 多个 (M)]:

　　　　　　　　　　　　　　//按回车键结束命令

台面下侧两端倒圆角的结果如图 3-45 所示。

六、绘制上水管连接孔和排水孔

启动"圆心、半径"绘制圆命令，以 B 点为圆心，绘制一个半径为 30 mm 的圆；以 C 点为圆心，分别绘制半径为 25 mm 和 40 mm 的圆，绘制结果如图 3-46 所示。

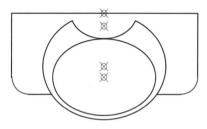

图 3-45　台面下侧两端倒圆角的结果

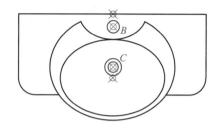

图 3-46　绘制 3 个小圆

七、删除定位点

1. 单击功能区"默认"→"修改"→"删除"按钮，启动"删除"命令。

2. 依次选择图中的 4 个定位点，被拾取的点变为淡灰色，如图 3-47 所示。

3. 按回车键删除被拾取的对象，同时结束命令。

删除定位点后的结果如图 3-48 所示。至此，洗手台绘制完毕。

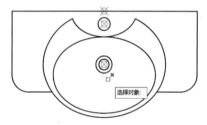

图 3-47　拾取要删除的定位点

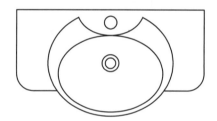

图 3-48　删除定位点后的结果

任务六　绘制呆扳手

学习目标

1. 能熟练绘制正六边形和圆弧。

2. 能熟练地移动图形。

3. 能熟练使用"圆角"命令。

　　图 3-49 所示的呆扳手由头部和柄部组成，头部开口部分为正六边形的四条边，外形由三段圆弧组成；柄部外形由两条直线和一个半圆组成，柄部与头部结合处为圆弧过渡，此外，在柄部右端有一个与半圆同心的小圆。绘图时应先绘制呆扳手头部的开口和外形，然后绘制柄部的小圆、半圆和直线，最后绘制柄部与头部的相切圆弧。下面来学习如何绘制该图。

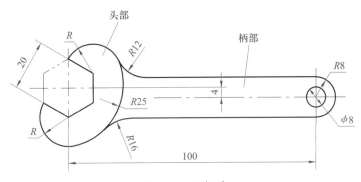

图 3-49　呆扳手

一、绘制头部开口

1. 绘制正六边形

　　选择"acadiso.dwt"（公制空白样板），新建空白文件。启动"多边形"命令，绘制一个外切于直径为 20 mm 圆的正六边形，如图 3-50a 所示。

2. 旋转正六边形

　　单击"默认"→"修改"→"旋转"按钮 ↻，启动"旋转"命令，系统给出以下提示：

```
命令：_rotate
UCS 当前的正角方向：ANGDIR= 逆时针  ANGBASE=0.0
```

选择对象：指定对角点：找到 1 个	// 选择正六边形
选择对象：	// 按回车键结束选择
指定基点：	// 拾取正六边形的几何中心
指定旋转角度，或 [复制 (C)/ 参照 (R)] <0.0>:	
	// 捕捉正六边形的右侧端点，移动光标使极轴追踪线
	// 逆时针旋转 30°（见图 3–50b），单击鼠标左键

3. 修剪缺口

启动 "修剪" 命令，修剪正六边形左上侧的缺口，如图 3–50c 所示。

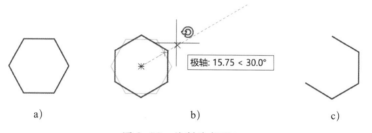

a)   b)   c)

图 3–50 绘制头部开口

a）绘制正六边形   b）使极轴追踪线逆时针旋转 30°   c）修剪缺口

二、绘制头部外形

1. 绘制头部下侧圆弧

单击 "默认" → "绘图" → "圆弧" → "起点、圆心、端点" 按钮 ，启动 "起点、圆心、端点" 绘制圆弧命令，系统给出以下提示：

命令：_arc	
指定圆弧的起点或 [圆心 (C)]:	// 拾取 A 点作为圆弧的起点（见图 3–51）
指定圆弧的第二个点或 [圆心 (C)/ 端点 (E)]: _c	
指定圆弧的圆心：	// 拾取 O_1 点作为圆弧的圆心（见图 3–51）
指定圆弧的端点 (按住 Ctrl 键以切换方向) 或 [角度 (A)/ 弦长 (L)]:	
	// 移动光标到适当位置单击，按逆时针方向绘制圆弧

头部下侧圆弧的绘制结果如图 3-51 所示。

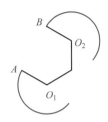

图 3-51 头部上、下两侧圆弧的绘制结果

2. 绘制头部上侧圆弧

按回车键，重启"起点、圆心、端点"绘制圆弧命令，系统给出以下提示：

指定圆弧的起点或 [圆心 (C)]:   // 拾取 B 点作为圆弧的起点（见图 3-51）

指定圆弧的第二个点或 [圆心 (C)/ 端点 (E)]: _c

指定圆弧的圆心：   // 拾取 O_2 点作为圆弧的圆心（见图 3-51）

指定圆弧的端点 (按住 Ctrl 键以切换方向) 或 [角度 (A)/ 弦长 (L)]:

                    // 按住 Ctrl 键将绘制圆弧的方向切换为顺时针方向

                    // 移动光标到适当位置单击

头部上侧圆弧的绘制结果如图 3-51 所示。

3. 绘制"$R25$"圆弧

单击"默认"→"绘图"→"圆"→"相切、相切、半径"按钮 ⊘，启动"相切、相切、半径"绘制圆命令，系统给出以下提示：

命令 : _circle

指定圆的圆心或 [三点 (3P)/ 两点 (2P)/ 切点、切点、半径 (T)]: _ttr

指定对象与圆的第一个切点：   // 在上侧圆弧右端拾取一点

指定对象与圆的第二个切点：   // 在下侧圆弧右端拾取一点

指定圆的半径 : 25   // 输入圆弧半径值"25"，按回车键

半径为 25 mm 圆的绘制结果如图 3-52a 所示。

单击"默认"→"修改"→"修剪"按钮 ✂，启动"修剪"命令，修剪多余的图线，图形修剪结果如图 3-52b 所示。

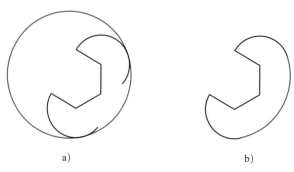

a)   b)

图 3-52 绘制 "R25" 圆弧

a）绘制半径为 25 mm 的圆   b）图形修剪结果

三、绘制柄部

1. 绘制 "φ8" 圆

单击"默认"→"绘图"→"圆"→"圆心、半径"按钮 ⊙，启动"圆心、半径"绘制圆命令，在头部缺口的中心位置（原正六边形的几何中心）绘制一个直径为 8 mm 的圆，如图 3-53 所示。

2. 移动 "φ8" 圆

单击"默认"→"修改"→"移动"按钮 ✛，启动"移动"命令，系统给出以下提示：

图 3-53 绘制 "φ8" 圆

命令：_move

选择对象：找到 1 个   // 选择 "φ8" 圆

选择对象：   // 按回车键结束选择

指定基点或 [位移 (D)] < 位移 >：   // 拾取 "φ8" 圆的圆心

指定第二个点或 < 使用第一个点作为位移 >：@100,-4

                         // 输入位移的相对直角坐标 "100,-4"，按回车键

移动 "φ8" 圆的结果如图 3-54 所示。

图 3-54　移动"ϕ8"圆的结果

3．绘制柄部外形

启动"三点"绘制圆弧命令，绘制右侧"$R8$"圆弧。启动"直线"命令，绘制柄部两条直线。柄部外形的绘制结果如图 3-55 所示。

图 3-55　柄部外形的绘制结果

四、绘制头部与柄部结合处的圆弧

1．绘制下侧"$R16$"圆弧

单击"默认"→"修改"→"圆角"按钮 ⌐，启动"圆角"命令，系统给出以下提示：

命令：_fillet

当前设置：模式 = 修剪，半径 = 0.00

选择第一个对象或 [放弃 (U)/ 多段线 (P)/ 半径 (R)/ 修剪 (T)/ 多个 (M)]: T

// 单击"修剪（T）"选项

输入修剪模式选项 [修剪 (T)/ 不修剪 (N)] < 修剪 >: N

// 单击"不修剪 (N)"选项，选择"不修剪"模式

选择第一个对象或 [放弃 (U)/ 多段线 (P)/ 半径 (R)/ 修剪 (T)/ 多个 (M)]: R

// 单击"半径（R）"选项，启动"半径（R）"选项

指定圆角半径 <0.00>: 16　　　　　　　　　　　// 输入半径值 "16"，按回车键

选择第一个对象或 [放弃 (U)/ 多段线 (P)/ 半径 (R)/ 修剪 (T)/ 多个 (M)]:

　　　　　　　　　　　　　　　　　　　　　　// 拾取柄部下侧直线

选择第二个对象，或按住 Shift 键选择对象以应用角点或 [半径 (R)]:

　　　　　　　　　　　　　　　　　　　　// 拾取 "R25" 圆弧的下端

下侧 "R16" 圆弧的绘制结果如图 3-56 所示。

2. 绘制上侧 "R12" 圆弧

（1）按回车键重启 "圆角" 命令。

（2）输入圆角半径值 "12"，按回车键。

（3）拾取柄部上侧直线，拾取头部上侧圆弧。注意：操作时不要选择 "R25" 圆弧。

上侧 "R12" 圆弧的绘制结果如图 3-56 所示。

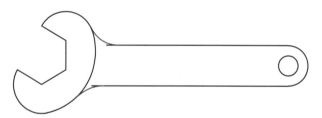

图 3-56　下侧 "R16" 圆弧和上侧 "R12" 圆弧的绘制结果

3. 修剪图形

启动 "修剪" 命令，修剪多余的直线，如图 3-57 所示。至此，呆扳手绘制完毕。

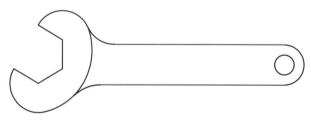

图 3-57　修剪图形

任务七　绘　制　孔　板

1. 掌握"复制"命令的操作方法。
2. 掌握外切于圆的正多边形的画法。

任务描述

　　图 3-58 所示孔板上有 4 个直径相同的圆和 5 个尺寸相同的正六边形，可以通过复制对象的方法绘制形状和尺寸相同的图形。下面来学习如何绘制该图。

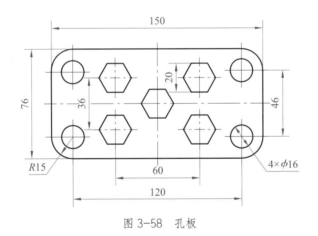

图 3-58　孔板

任务实施

一、绘制外形

1. 绘制矩形

　　（1）启动"矩形"命令，在绘图区中适当位置单击，指定矩形左上角的起点。

　　（2）输入矩形的长"150"。

　　（3）按 Tab 键切换到宽度尺寸编辑状态，输入矩形的宽"76"（见图 3-59），按回车键，完成矩形的绘制。

AutoCAD 2023 基础与应用
084

2. 倒圆角

启动"圆角"命令，绘制"R15"圆角，如图 3–60 所示。

二、绘制圆

1. 绘制左上侧"$\phi16$"圆

启动"圆心、半径"绘制圆命令，拾取左上侧圆弧的圆心，绘制直径为 16 mm 的圆，如图 3–60 所示。

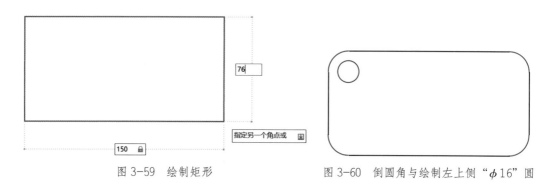

图 3–59　绘制矩形　　　　　　　图 3–60　倒圆角与绘制左上侧"$\phi16$"圆

2. 复制出其余 3 个圆

单击"默认"→"修改"→"复制"按钮，启动"复制"命令，系统给出以下提示：

命令：_copy

选择对象：找到 1 个　　　　　　　　　　// 选择左上侧"$\phi16$"圆

选择对象：　　　　　　　　　　　　　　// 按回车键结束选择

当前设置：复制模式 = 多个

指定基点或 [位移 (D)/ 模式 (O)] < 位移 >：　　// 拾取"$\phi16$"圆的圆心

指定第二个点或 [阵列 (A)] < 使用第一个点作为位移 >：

　　　　　　　　　　　　　　// 拾取右上侧圆弧的圆心（见图 3–61）

指定第二个点或 [阵列 (A)/ 退出 (E)/ 放弃 (U)] < 退出 >：

　　　　　　　　　　　　　　// 拾取左下侧圆弧的圆心（见图 3–61）

指定第二个点或 [阵列 (A)/ 退出 (E)/ 放弃 (U)] < 退出 >：

　　　　　　　　　　　　　　// 拾取右下侧圆弧的圆心（见图 3–61）

指定第二个点或 [阵列 (A)/ 退出 (E)/ 放弃 (U)] < 退出 >:

// 按回车键结束 "复制" 命令

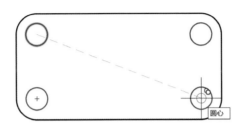

图 3-61 复制出其余 3 个圆

三、绘制正六边形

1. 绘制中间的正六边形

单击 "默认" → "绘图" → "多边形" 按钮 ⌂，启动 "多边形" 命令，系统给出以下提示：

命令：_polygon

输入侧面数 <4>: 6   *// 输入正六边形的边数 "6"，按回车键*

指定正多边形的中心点或 [边 (E)]:   *// 拾取矩形的几何中心*

输入选项 [内接于圆 (I)/ 外切于圆 (C)] <I>: C

// 输入 "C"，按回车键，启动 "外切于圆（C）" 选项

指定圆的半径：10   *// 输入正六边形内切圆的半径*

中间的正六边形的绘制结果如图 3-62 所示。

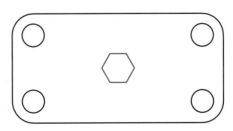

图 3-62 中间的正六边形的绘制结果

2. 复制出右上侧的正六边形

单击"默认"→"修改"→"复制"按钮 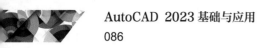，启动"复制"命令，系统给出以下提示：

命令：_copy

选择对象：找到 1 个　　　　　　　　　　　　　　 // 选择中间的正六边形

选择对象：　　　　　　　　　　　　　　　　　　 // 按回车键结束选择

当前设置：复制模式 = 多个

指定基点或 [位移 (D)/ 模式 (O)] < 位移 >:　　　 // 拾取中间的正六边形的几何中心

指定第二个点或 [阵列 (A)] < 使用第一个点作为位移 >: @30,18

　　　　　　　 // 输入右上侧的正六边形的几何中心相对于基点的坐标，按回车键

指定第二个点或 [阵列 (A)/ 退出 (E)/ 放弃 (U)] < 退出 >:

　　　　　　　　　　　　　　　　　　 // 按回车键结束"复制"命令

右上侧的正六边形的绘制结果如图 3-63 所示。

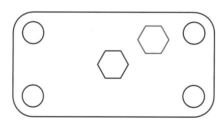

图 3-63　右上侧的正六边形的绘制结果

3. 复制出其余 3 个正六边形

单击"默认"→"修改"→"复制"按钮 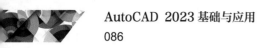，启动"复制"命令，系统给出以下提示：

命令：_copy

选择对象：找到 1 个　　　　　　　　　　　　　　 // 选择右上侧的正六边形

选择对象：　　　　　　　　　　　　　　　　　　 // 按回车键结束选择

当前设置：复制模式 = 多个

指定基点或 [位移 (D)/ 模式 (O)] < 位移 >:　　　// 拾取右上侧的正六边形的几何中心

指定第二个点或 [阵列 (A)] < 使用第一个点作为位移 >: 60

　　　　　　　// 水平向左移动光标，输入 "60"，按回车键（见图 3-64a）

指定第二个点或 [阵列 (A)/ 退出 (E)/ 放弃 (U)] < 退出 >: 36

　　　　　　　// 竖直向下移动光标，输入 "36"，按回车键（见图 3-64b）

指定第二个点或 [阵列 (A)/ 退出 (E)/ 放弃 (U)] < 退出 >: @-60,-36

　　　　　// 输入左下侧的正六边形的几何中心相对于基点的坐标，按回车键

指定第二个点或 [阵列 (A)/ 退出 (E)/ 放弃 (U)] < 退出 >:

　　　　　　　　　　　　　　　// 按回车键结束 "复制" 命令

其余 3 个正六边形的绘制结果如图 3-64c 所示。至此，孔板绘制完毕。

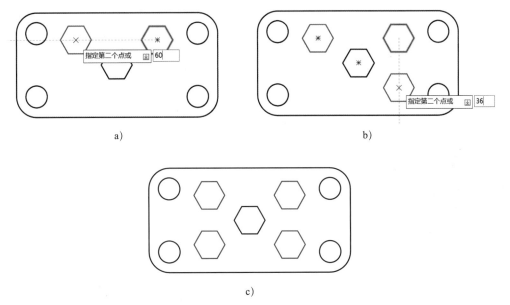

a)　　　　　　　　　　　　　　　　　b)

c)

图 3-64　其余 3 个正六边形的绘制结果

a）绘制左上侧的正六边形　b）绘制右下侧的正六边形　c）绘制左下侧的正六边形

任务八　绘制五孔桥

学习目标

掌握"分解""缩放""镜像"命令的操作方法。

任务描述

图 3-65 所示的五孔桥由桥身和五个桥洞组成。桥身两端为矩形的一部分，上侧为一个大圆弧，大圆弧与直线之间为圆角过渡；五个桥洞的形状相同、成比例缩放。绘图时，应先绘制桥身，然后绘制桥洞。下面来学习如何绘制该图。

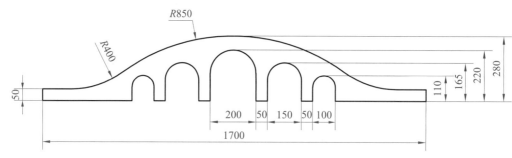

图 3-65　五孔桥

任务实施

一、绘制桥身

1. 绘制矩形

选择"acadiso.dwt"（公制空白样板），新建空白文件。启动"矩形"命令，绘制一个长为 1 700 mm，宽为 50 mm 的矩形，如图 3-66 所示。

2. 绘制"R850"圆

单击"默认"→"绘图"→"圆心、半径"按钮 ⊙，启动"圆心、半径"绘制圆命令，系统给出以下提示：

命令：_circle

指定圆的圆心或 [三点 (3P)/ 两点 (2P)/ 切点、切点、半径 (T)]: 570

　　　　　// 捕捉矩形下侧横线的中点，向下移动光标，输入"570"，按回车键

指定圆的半径或 [直径 (D)]: 850　　　　　　// 输入圆的半径"850"，按回车键

"R850"圆的绘制结果如图 3-66 所示。

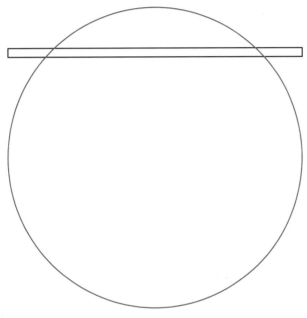

图 3-66　绘制矩形和"R850"圆

3. 修剪图形

启动"修剪"命令，修剪多余的圆弧和直线，修剪结果如图 3-67 所示。

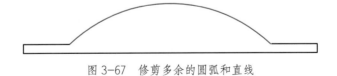

图 3-67　修剪多余的圆弧和直线

4. 绘制"R400"圆弧

（1）分解修剪后的矩形。单击"默认"→"修改"→"分解"按钮 ⬚ ，启动"分解"命令，系统给出以下提示：

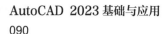
命令 : _explode

选择对象 : 找到 1 个　　　　　　　　　　// 选择矩形线框修剪后形成的多段线

选择对象 :　　　　　　　　　　　　　　// 按回车键，将多段线分解为多条线段

　　多段线分解前后的形状从表面上看没有什么变化。但选中图形后，可以看出，分解前，图线是一个整体对象（见图 3-68a，中点显示为实心矩形）；分解后，图线变为独立的线段（见图 3-68b，中点显示为实心正方形）。

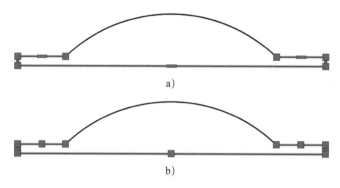

图 3-68　多段线分解前后的变化

a）多段线被分解前　b）多段线被分解后

 小贴士

　　　　在图 3-67 中，上侧的 2 条线段属于多段线的一部分，若要在其与"R850"圆弧之间用圆角过渡，必须先将多段线分解，然后使用"圆角"命令。

　　（2）绘制两侧的"R400"过渡圆弧。启动"圆角"命令，绘制两侧的"R400"圆弧，如图 3-69 所示。

图 3-69　绘制两侧的"R400"圆弧

二、绘制桥洞

1. 绘制中间桥洞

单击"默认"→"绘图"→"多段线"按钮 ，启动"多段线"命令，系统给出以下提示：

命令：_pline

指定起点：100   // 捕捉下侧横线的中点

                       // 水平向右移动光标，输入"100"，按回车键

当前线宽为 0.00

指定下一个点或 [圆弧 (A)/ 半宽 (H)/ 长度 (L)/ 放弃 (U)/ 宽度 (W)]: 120

                       // 竖直向上移动光标，输入"120"，按回车键

指定下一点或 [圆弧 (A)/ 闭合 (C)/ 半宽 (H)/ 长度 (L)/ 放弃 (U)/ 宽度 (W)]: A

                       // 启动命令行中的"圆弧 (A)"选项

指定圆弧的端点 (按住 Ctrl 键以切换方向) 或

[角度 (A)/ 圆心 (CE)/ 闭合 (CL)/ 方向 (D)/ 半宽 (H)/ 直线 (L)/ 半径 (R)/ 第二个点 (S)/

放弃 (U)/ 宽度 (W)]: 200   // 水平向左移动光标，输入"200"，按回车键

指定圆弧的端点 (按住 Ctrl 键以切换方向) 或

[角度 (A)/ 圆心 (CE)/ 闭合 (CL)/ 方向 (D)/ 半宽 (H)/ 直线 (L)/ 半径 (R)/ 第二个点 (S)/

放弃 (U)/ 宽度 (W)]: L   // 启动命令行中的"直线 (L)"选项

指定下一点或 [圆弧 (A)/ 闭合 (C)/ 半宽 (H)/ 长度 (L)/ 放弃 (U)/ 宽度 (W)]:

       // 水平向下移动光标，拾取过起点的竖直极轴追踪线与下侧横线的交点

指定下一点或 [圆弧 (A)/ 闭合 (C)/ 半宽 (H)/ 长度 (L)/ 放弃 (U)/ 宽度 (W)]:

                       // 按回车键结束命令

中间桥洞的绘制结果如图 3-70 所示。

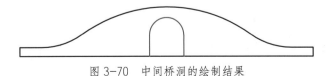

图 3-70 中间桥洞的绘制结果

2. 绘制右侧宽度为 150 mm 的桥洞

（1）复制并缩小桥洞

右侧宽度为 150 mm 的桥洞与中间桥洞的形状相同，尺寸按 0.75 的比例缩小，可以用"缩放"命令绘制。

单击"默认"→"修改"→"缩放"按钮 ，启动"缩放"命令，系统给出以下提示：

```
命令：_scale
选择对象：指定对角点：找到 1 个               // 选择中间桥洞的多段线
选择对象：                                  // 按回车键结束选择
指定基点：                                  // 拾取下侧横线的中点
指定比例因子或 [ 复制 (C)/ 参照 (R)]: C        // 启动"复制 (C)"选项
缩放一组选定对象。
指定比例因子或 [ 复制 (C)/ 参照 (R)]: 0.75

                                           // 输入缩放比例"0.75"，按回车键
```

复制并缩小中间桥洞的结果如图 3-71 所示。

图 3-71　复制并缩小中间桥洞的结果

（2）移动桥洞

启动"移动"命令，选择缩小的桥洞，水平向右移动 225 mm，如图 3-72 所示。

图 3-72　移动缩小的桥洞

3. 绘制右侧宽度为 100 mm 的桥洞

右侧宽度为 100 mm 的桥洞与中间桥洞的形状也相同，尺寸按 0.5 的比例缩小。用同样的方法缩放和平移桥洞，绘制结果如图 3-73 所示。

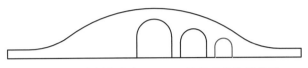

图 3-73 右侧宽度为 100 mm 的桥洞的绘制结果

4. 绘制左侧的桥洞

左侧的桥洞与右侧的桥洞对称布置，可使用"镜像"命令绘制。

单击"默认"→"修改"→"镜像"按钮 ⚠️，启动"镜像"命令，系统给出以下提示：

命令：_mirror

选择对象：指定对角点：找到 2 个   // 选择右侧的两个桥洞

选择对象：指定镜像线的第一点：   // 拾取下侧横线的中点

指定镜像线的第二点：   // 竖直向上移动光标，单击（见图 3-74）

要删除源对象吗？ [是 (Y)/ 否 (N)] < 否 >:

                  // 系统默认为"否（不删除源文件）"，按回车键结束命令

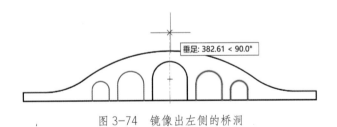

图 3-74 镜像出左侧的桥洞

5. 删除桥洞下侧的横线

启动"修剪"命令，删除桥洞下侧多余的横线，如图 3-75 所示。至此，五孔桥绘制完毕。

图 3-75 删除桥洞下侧的横线

任务九　绘制阶梯轴

1. 掌握"延伸""倒角"命令的操作方法。
2. 能熟练使用"镜像"命令。

任务描述

图 3-76 所示的阶梯轴由多个矩形组成，两端倒角。图形上下对称，中间绘制了轴线。绘图时，可以先绘制图形的上半部分，然后用镜像命令绘制下半部分。绘制上半部分时，可利用"直线"命令绘制外轮廓线，然后利用"延伸"命令延伸竖线，再利用"倒角"命令绘制倒角。中间的轴线需要绘制成细点画线。下面来学习如何绘制该图。

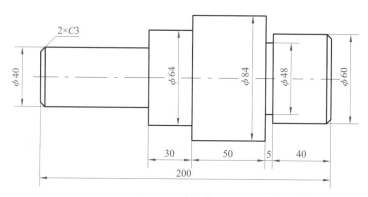

图 3-76　阶梯轴

任务实施

一、绘制阶梯轴上半部分的主要外轮廓线

绘制图形时，可以按照自左向右的顺序绘制，先绘制左侧的竖线，再依次绘制其他直线。

1. 选择"acadiso.dwt"（公制空白样板），新建空白文件。

2. 将线宽设置为 0.3 mm。

3. 单击"默认"→"绘图"→"直线"按钮 ∕，启动"直线"命令，系统给出以下提示：

命令：_line

指定第一个点：   // 在绘图区中适当位置单击，确定直线的起点 A（见图 3-77）

指定下一点或 [放弃 (U)]: 20   // 竖直向上移动光标，输入"20"，按回车键

指定下一点或 [放弃 (U)]: 75   // 水平向右移动光标，输入"75"，按回车键

指定下一点或 [闭合 (C)/ 放弃 (U)]: 12

         // 竖直向上移动光标，输入"12"，按回车键

指定下一点或 [闭合 (C)/ 放弃 (U)]: 30

         // 水平向右移动光标，输入"30"，按回车键

指定下一点或 [闭合 (C)/ 放弃 (U)]: 10

         // 竖直向上移动光标，输入"10"，按回车键

指定下一点或 [闭合 (C)/ 放弃 (U)]: 50

         // 水平向右移动光标，输入"50"，按回车键

指定下一点或 [闭合 (C)/ 放弃 (U)]: 18

         // 竖直向下移动光标，输入"18"，按回车键

指定下一点或 [闭合 (C)/ 放弃 (U)]: 5

         // 水平向右移动光标，输入"5"，按回车键

指定下一点或 [闭合 (C)/ 放弃 (U)]: 6

         // 竖直向上移动光标，输入"6"，按回车键

指定下一点或 [闭合 (C)/ 放弃 (U)]: 40

         // 水平向右移动光标，输入"40"，按回车键

指定下一点或 [闭合 (C)/ 放弃 (U)]:

         // 捕捉起点 A，向右移动光标，拾取其与竖直极轴追踪线的交点

指定下一点或 [闭合 (C)/ 放弃 (U)]:C   // 输入"C"，闭合图形

阶梯轴上半部分主要外轮廓线的绘制结果如图 3-77 所示。

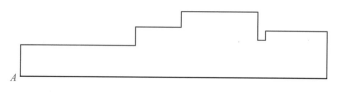

图 3-77　阶梯轴上半部分主要外轮廓线的绘制结果

二、延伸竖直轮廓线

单击"默认"→"绘图"→"修剪"按钮右侧的下拉按钮 ▼，在展开的面板中单击"延伸"按钮 ➡（见图 3-78），启动"延伸"命令，系统给出以下提示：

命令：_extend

当前设置：投影 =UCS, 边 = 无, 模式 = 快速

选择要延伸的对象，或按住 Shift 键选择要修剪的对象或

[边界边 (B)/ 窗交 (C)/ 模式 (O)/ 投影 (P)]:

　　　　　　　　// 在"φ64"圆柱左边线的下端拾取一点（见图 3-79）

选择要延伸的对象，或按住 Shift 键选择要修剪的对象或

[边界边 (B)/ 窗交 (C)/ 模式 (O)/ 投影 (P)/ 放弃 (U)]:

　　　　　　　　// 在"φ84"圆柱左边线的下端拾取一点

选择要延伸的对象，或按住 Shift 键选择要修剪的对象或

[边界边 (B)/ 窗交 (C)/ 模式 (O)/ 投影 (P)/ 放弃 (U)]:

　　　　　　　　// 在"φ84"圆柱右边线的下端拾取一点

选择要延伸的对象，或按住 Shift 键选择要修剪的对象或

[边界边 (B)/ 窗交 (C)/ 模式 (O)/ 投影 (P)/ 放弃 (U)]:

　　　　　　　　// 在"φ60"圆柱左边线的下端拾取一点

选择要延伸的对象，或按住 Shift 键选择要修剪的对象或

[边界边 (B)/ 窗交 (C)/ 模式 (O)/ 投影 (P)/ 放弃 (U)]:　　　　// 按回车键结束命令

延伸竖直轮廓线的结果如图 3-80 所示。

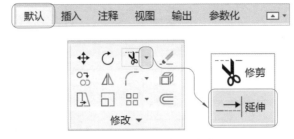

图 3-78　"延伸"按钮的位置

图 3-79　在"φ64"圆柱左边线的下端拾取一点

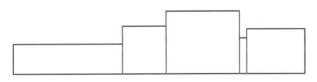

图 3-80　延伸竖直轮廓线的结果

三、绘制倒角

1. 启动"倒角"命令，将两个倒角距离皆设置为"3"，对轴的左上端和右上端进行倒角。

2. 启动"直线"命令，补画倒角后形成的轮廓线，如图 3-81 所示。

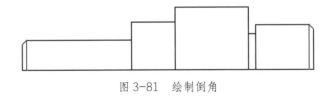

图 3-81　绘制倒角

四、镜像图形

启动"镜像"命令，绘制阶梯轴下半部分的轮廓线，如图 3-82 所示。

五、绘制对称中心线

1. 加载"CENTER"线型

（1）单击"默认"→"特性"面板中的"线型"下拉列表，在展开的面板中单击"其他"按钮（见图 3-83），打开"线型管理器"对话框，如图 3-84 所示。

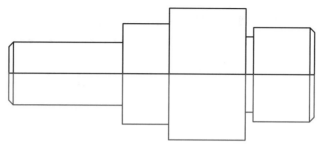

图 3-82 阶梯轴下半部分轮廓线的绘制结果

图 3-83 "线型"下拉列表及其展开面板

图 3-84 "线型管理器"对话框

（2）在"线型管理器"对话框中单击"加载（L）…"按钮，弹出"加载或重载线型"对话框，如图 3-85 所示。

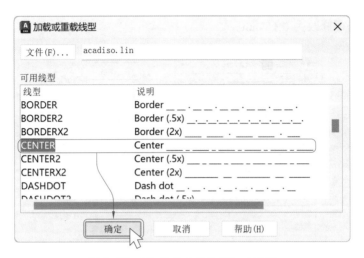

图 3-85　"加载或重载线型"对话框

（3）在"加载或重载线型"对话框中选择"CENTER"线型，单击"确定"按钮，返回"线型管理器"对话框。此时，"CENTER"线型已经被加载到"线型管理器"中了，如图 3-86 所示。

图 3-86　加载了"CENTER"线型的"线型管理器"对话框

（4）单击"确定"按钮，完成"CENTER"线型的加载。

2. 修改中间横线的线型和线宽

（1）选择中间的横线。

（2）单击"特性"→"线型"下拉列表。在展开的面板中选择"CENTER"（见图 3-87），将中间横线的线型由"Bylayer"修改为"CENTER"。

（3）单击"特性"→"线宽"下拉列表，在展开的面板中选择"0.15毫米"（见图3-87），将线宽修改为0.15 mm。

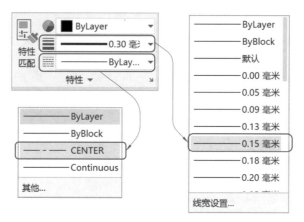

图 3-87　修改中间横线的线型和线宽

经过修改线型和线宽，中间横线由粗实线变为细点画线（轴线），如图3-88所示。

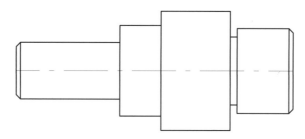

图 3-88　将中间横线修改为细点画线

3. 修改轴线的长度

（1）选择轴线的左侧端点，水平向左移动光标，输入"5"，按回车键。

（2）选择轴线的右侧端点，水平向右移动光标，输入"5"，按回车键。

（3）按 Esc 键，取消对细点画线的选择。

轴线长度的修改结果如图3-89所示。至此，阶梯轴绘制完毕。

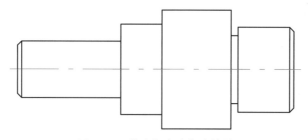

图 3-89　轴线长度的修改结果

任务十 绘制计算器

掌握"矩形阵列""偏移""多行文字"命令的操作方法。

图 3-90 所示计算器由多个矩形线框组成，下侧键盘上的按键呈矩形阵列布置。绘图时可先绘制键盘，然后绘制上侧小屏幕，再绘制外框，最后注写键盘上的字符。下面来学习如何绘制该图。

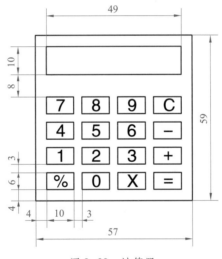

图 3-90 计算器

一、绘制单个按键

1. 绘制小矩形

选择 "acadiso.dwt"（公制空白样板），新建空白文件。启动"矩形"命令，绘制一个长为 10 mm、宽为 6 mm 的矩形作为单个按键，如图 3-91a 所示。

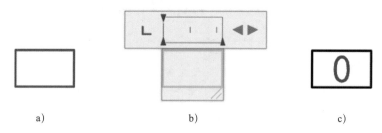

图 3-91　单个按键

a）长为 10 mm、宽为 6 mm 的矩形　b）文本输入窗口　c）注写阿拉伯数字"0"

2. 注写文字

创建文字对象可使用"多行文字"命令，其输入和编辑方法与 Word 类似。

（1）启动"多行文字"命令

单击"默认"→"注释"→"多行文字"按钮 **A**（见图 3-92），启动"多行文字"命令。

图 3-92　"注释"面板与"多行文字"按钮

（2）确定文字输入位置

先拾取矩形的左上顶点，然后拾取矩形的右下顶点，打开文本输入窗口，如图 3-91b 所示。

（3）设置文字参数

在打开文本输入窗口的同时，系统打开"文字编辑器"对话框，如图 3-93 所示。

1）在"样式"面板中的文字高度文本框中输入"4.5"，按回车键，将文字高度设置为 4.5 mm。

2）单击"格式"面板中的"字体"文本框，在展开的菜单中选择"黑体"。

3）单击"段落"面板中的"对正"按钮 Ⓐ，在展开的菜单中选择"正中 MC"。

4）单击"插入"面板中的"列"按钮，在展开的菜单中单击"不分栏"按钮 ≡。

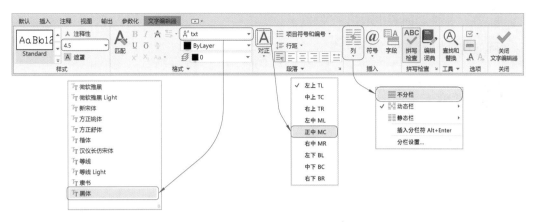

图 3-93　"文字编辑器"对话框及字体和样式设置

（4）输入字符

将光标移到绘图区，输入一个字符（如"0"），然后在空白处单击，完成字符的输入，如图 3-91c 所示。

二、矩形阵列键盘

"矩形阵列"命令用于将对象按指定的行数和列数呈矩形排列。

1. 单击"默认"→"修改"→"矩形阵列"按钮 ⊞，启动"矩形阵列"命令。

2. 选择矩形及字符，按回车键，系统弹出"阵列创建"对话框，如图 3-94 所示。

图 3-94　矩形阵列的"阵列创建"对话框及阵列预览

3. 在"列"面板中将"列数"设置为"4"，"介于"（列距）设置为"13"。在"行"面板中将"行数"设置为"4"，"介于"（行距）设置为"9"。

4. 在"特性"面板中取消"关联"。

阵列预览如图 3-94 所示。

 小贴士

> 在"阵列创建"对话框中，若"关联"按钮框的背景呈淡蓝色，则表示被阵列对象处于关联状态，即被阵列对象是一个复合对象。单击"关联"按钮可在取消关联或形成关联之间转换。

5. 按回车键或单击"阵列创建"面板中的"关闭阵列"按钮，完成矩形阵列操作。

三、绘制小屏幕

1. 启动"矩形"命令，捕捉键盘的左上侧顶点，竖直向上移动光标，输入"8"，按回车键。

2. 输入矩形右上侧顶点的相对直角坐标"49,10"，按回车键。

小屏幕的绘制结果如图 3-95 所示。

四、绘制外框

"偏移"命令可以在复制对象的同时将对象偏移到指定的位置。计算器外框到小屏幕和键盘外侧边线的距离相等。绘制外框时，可先绘制一个与键盘和小屏幕外侧边线重合的矩形，然后利用"偏移"命令将矩形向外侧等距偏移。

1. 绘制大矩形

启动"矩形"命令，绘制一个与键盘和小屏幕外侧边线重合的大矩形，如图 3-96 所示。

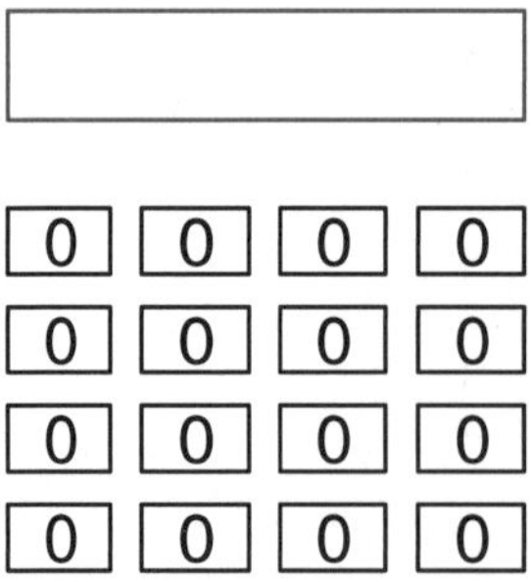

图 3-95　小屏幕的绘制结果 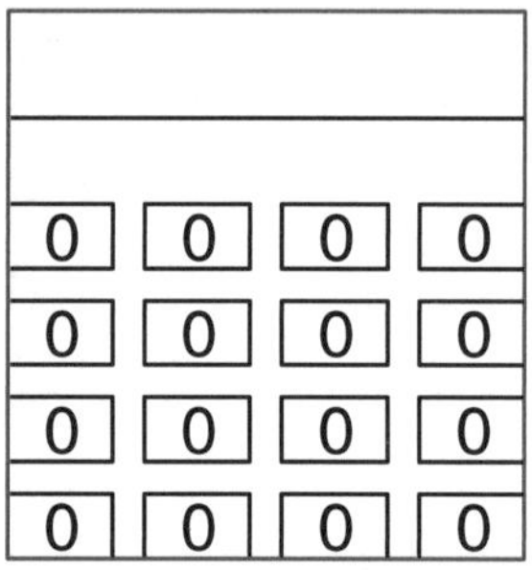　　　　图 3-96　大矩形的绘制结果

2. 偏移大矩形

单击"默认"→"绘图"→"偏移"按钮 ⊆，启动"偏移"命令，系统给出以下提示：

命令：_offset

当前设置：删除源 = 否　图层 = 源　OFFSETGAPTYPE=0

指定偏移距离或 [通过 (T)/ 删除 (E)/ 图层 (L)] < 通过 >: 4

　　　　　　　　　　　　　// 输入要偏移的距离"4"，按回车键

选择要偏移的对象，或 [退出 (E)/ 放弃 (U)] < 退出 >:　　　　// 选择大矩形

指定要偏移的那一侧上的点，或 [退出 (E)/ 多个 (M)/ 放弃 (U)] < 退出 >:

　　　　　　　　　　　　　// 在大矩形线框的外侧单击

选择要偏移的对象，或 [退出 (E)/ 放弃 (U)] < 退出 >:　　　　// 按回车键结束命令

大矩形的偏移结果如图 3-97 所示。

3. 删除内侧大矩形

启动"删除"命令，删除内侧大矩形，如图 3-98 所示。

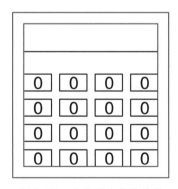
图 3-97　大矩形的偏移结果

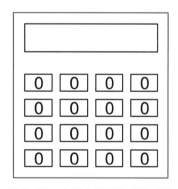
图 3-98　内侧大矩形的删除结果

五、修改字符

1. 将键盘左下侧按键上的字符修改为"%"

双击左下侧按键字符，打开文本输入窗口。选择"0"，将其修改为"%"，如图 3-99 所示。

2. 修改键盘上其他按键上的字符

用同样的方法修改其他按键上的字符，如图 3-100 所示。至此，计算器绘制完毕。

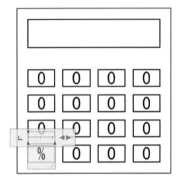

图 3-99 修改左下侧按键上的字符

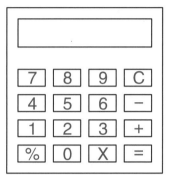

图 3-100 修改其他按键上的字符

任务十一 绘 制 花 坛

学习目标

1. 掌握"环形阵列""合并""图案填充"命令的操作方法。
2. 能熟练使用"圆角"和"偏移"命令。

任务描述

图 3-101 所示的花坛由圆和圆弧等组成，在图中填充了表示材质的图案。绘制该图时可以先绘制图形，再填充图案。下面来学习如何绘制该图。

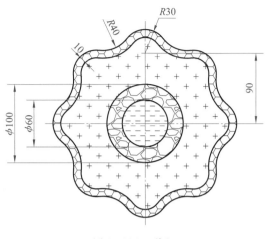

图 3-101　花坛

一、绘制图形

1. 设置线宽

选择"acadiso.dwt"（公制空白样板），新建空白文件。在"特性"面板中将线宽设置为 0.3 mm。

2. 绘制"φ60"和"φ100"圆

启动绘制圆命令，绘制"φ60"和"φ100"圆，如图 3-102 所示。

3. 绘制"R30"圆

（1）绘制半径为 30 mm 的圆

单击"默认"→"绘图"→"圆心、半径"按钮 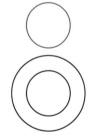，启动"圆心、半径"命令，系统给出以下提示：

图 3-102　绘制"φ60""φ100"和"R30"圆

命令：_circle

指定圆的圆心或 [三点 (3P)/ 两点 (2P)/ 切点、切点、半径 (T)]: 90

　　　　　　　// 捕捉"φ60"圆的圆心，向上移动光标，输入"90"，按回车键

指定圆的半径或 [直径 (D)]: 30　　　　　　　　　　　　// 输入"30"，按回车键

半径为 30 mm 的圆的绘制结果如图 3-102 所示。

（2）环形阵列"$R30$"圆

阵列有矩形阵列、路径阵列和环形阵列
三种方式（见图 3-103），"环形阵列"命令用
于将选择的对象按指定的圆心和数目呈环形排
列。

1）单击"默认"→"修改"→"环形阵
列"按钮 ⁙ ，启动"环形阵列"命令。

2）选择阵列对象（"$R30$"圆），按回车
键。

3）拾取"$\phi60$"圆的圆心，系统弹出"阵
列创建"对话框，如图 3-104 所示。

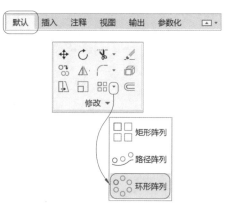

图 3-103 "阵列"下拉面板

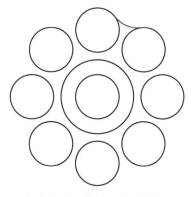

图 3-104 环形阵列的"阵列创建"对话框

4）在"项目"面板中，将"项目数"修改为"8"，按回车键或单击"阵列创建"
对话框中的"关闭阵列"按钮，完成环形阵列操作，如图 3-105 所示。

4. 绘制"$R40$"圆弧

（1）绘制半径为 40 mm 的圆弧

启动"圆角"命令，绘制一个与两相邻"$R30$"圆相切且半径为 40 mm 的圆弧，如
图 3-106 所示。

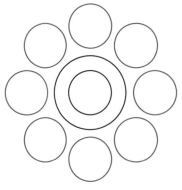

图 3-105 "$R30$"圆的环形阵列结果

图 3-106 绘制"$R40$"圆弧

（2）环形阵列 "R40" 圆弧

启动"环形阵列"命令，仍然以"φ60"圆的圆心为阵列的中心点，"项目数"同样为 8 个，环形阵列 "R40" 圆弧，如图 3-107 所示。

5. 修剪多余图线

启动"修剪"命令，修剪多余的图线，结果如图 3-108 所示。

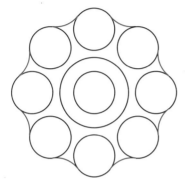
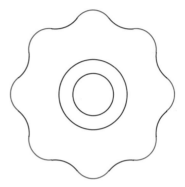

图 3-107　环形阵列 "R40" 圆弧　　　　　图 3-108　修剪多余图线后的结果

6. 合并圆弧

花坛围栏的内侧曲线由外侧曲线偏移得到，在偏移前需要将多条圆弧合并为一条多段线。"合并"命令可以将多条首尾相接的线段合并为一条多段线。

单击"默认"→"修改"→"合并"按钮 ，启动"合并"命令，系统给出以下提示：

命令：_join

选择源对象或要一次合并的多个对象：指定对角点：找到 18 个

// 选择所有图线

选择要合并的对象：

16 个对象已转换为 1 条多段线，操作中放弃了 2 个对象

// 按回车键完成合并（内侧的两个圆被自动取消合并）

花坛外侧曲线合并后的结果如图 3-109 所示，各圆弧的中点显示为实心矩形，说明所有圆弧已合并为多段线。

7. 向内偏移多段线

"偏移"命令可将选定的图形对象按照一定的距离进行偏移。

启动"偏移"命令，将多段线向内侧偏移 10 mm，如图 3-110 所示。

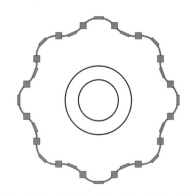

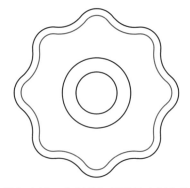

图 3-109　花坛外侧曲线合并后的结果　　　图 3-110　绘制花坛围栏的内侧曲线

二、填充图案

1. 设置线宽

在"特性"面板中将线宽设置为 0.15 mm。

2. 填充"$\phi 60$"圆

（1）启动"图案填充"命令

"图案填充"命令用于将某一个图案填充到封闭区域，从而使该区域表达一定的信息。

单击"默认"→"绘图"→"图案填充"按钮 ▤，启动"图案填充"命令，打开"图案填充创建"对话框，如图 3-111 所示。

图 3-111　"图案填充创建"对话框

功能解读

"图案填充创建"对话框中常用选项的功能

图案：提供填充图案。

角度：用来指定所填充图案的旋转角度（默认为"0"），正值为递时针方向，负值为顺时针方向。

比例：用来确定所填充图案的放大系数，以调整填充线条的疏密，数值越大线条越稀疏，反之越密集。

（2）设置图案和填充图案比例

单击"图案"面板右下侧的下拉按钮，展开"图案"面板，选择"DASH"图案。在"特性"面板中将"填充图案比例"设置为"2"，如图 3-112 所示。

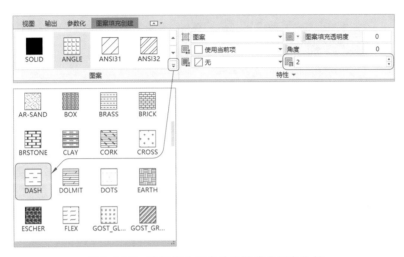

图 3-112　选择填充图案并设置填充图案比例

（3）在"$\phi60$"圆内填充图案

在"$\phi60$"圆内单击，选择图案填充区域。单击"图案填充创建"对话框中的"关闭图案填充创建"按钮（或按回车键）结束图案填充，结果如图 3-113 所示。

3. 填充"$\phi60$"圆与"$\phi100$"圆之间的区域

在图案面板中选择"GRAVEL"图案，将"填充图案比例"设置为"1.5"，在"$\phi60$"圆与"$\phi100$"圆之间的区域填充图案，如图 3-113 所示。

4. 填充"$\phi100$"圆与花坛围栏内侧曲线之间的区域

在图案面板中选择"CROSS"图案，将"填充图案比例"设置为"2"，在"$\phi100$"圆与花坛围栏内侧曲线之间的区域填充图案，如图 3-113 所示。

5. 填充花坛围栏

在图案面板中选择"HONEY"图案，将"填充图案比例"设置为"2"，填充花坛围栏，如图 3-113 所示。

至此，花坛绘制完毕。

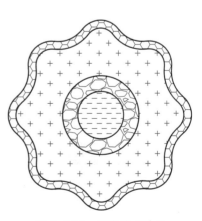

图 3-113　图案填充结果

任务十二　绘制小书架

掌握多线样式的设置方法、"多线"命令的操作方法和多线的编辑方法。

图 3-114 所示的小书架由左竖板、左支架、右支架和右竖板组成，每个支架都由多条平行线段组成，虽然可以用"直线"或"多段线"命令绘制，但是作图较为烦琐。若用"多线"命令绘制则比较简单。本任务学习如何用"多线"命令绘制图形。

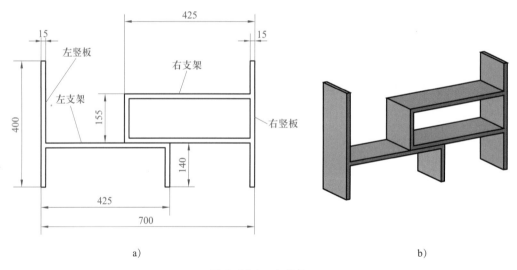

a)　　　　　　　　　　　　　　　　　　b)

图 3-114　小书架
a）平面图　b）立体图

一、设置多线样式

"多线"命令使用的频率相对较少，在功能区中没有相应的命令按钮，设置多线样式时需要在菜单栏中选择相应命令。

1. 选择"acadiso.dwt"（公制空白样板），新建空白文件。

2. 单击菜单栏中的"格式（O）"→"多线样式（M）..."命令，打开"多线样式"对话框，如图 3-115 所示。在"多线样式"对话框中，系统提供了一个名为"STANDARD"的样式。此时，在对话框下侧的"预览：STANDARD"显示框中显示的是两条平行线。

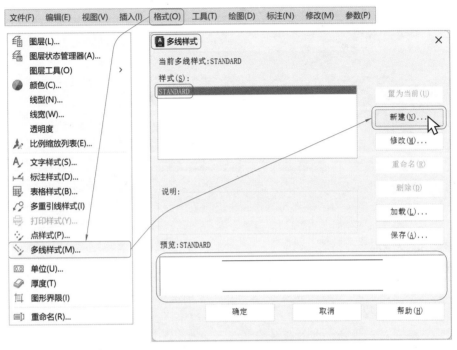

图 3-115 打开"多线样式"对话框

3. 单击"新建"按钮，打开"创建新的多线样式"对话框（见图 3-116），在"新样式名（N）"文本框中输入"小书架"，"基础样式"自动选择"STANDARD"。

图 3-116 "创建新的多线样式"对话框

4. 单击"继续"按钮，打开"新建多线样式：小书架"对话框，如图 3-117 所示。勾选"直线（L）"选项的"起点"和"端点"，单击"确定"按钮，完成"小书架"多线样式的创建。

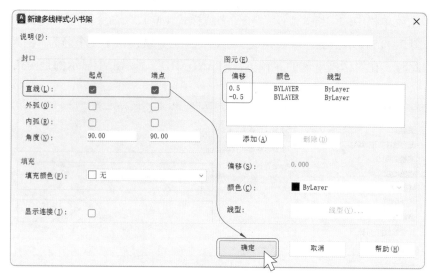

图 3-117 "新建多线样式：小书架"对话框

选项说明

"新建多线样式"对话框中的选项说明

"封口"选项组：可以设置多线起点和端点的特性，包括直线、外弧、内弧、封口线段或圆弧的角度。

"填充"选项组：在"填充颜色"下拉列表框中可以选择多线的填充颜色。

"图元（E）"选项组：在此选项组中设置组成多线的元素的特性。单击"添加（A）"按钮，为多线添加元素；单击"删除（D）"按钮，可删除多线中的元素。在"图元（E）"的列表框中可以设置选中元素的位置偏移值。在"颜色"下拉列表中可以为选中的元素选择颜色，单击"线型"按钮，可以为选中的元素设置线型。

5. 单击"确定"按钮，返回"多线样式"对话框，如图 3-118 所示，在"样式（S）"列表框中选择"小书架"，单击"置为当前（U）"按钮，将"小书架"多线样式置为当前多线样式。此时，在对话框下侧的"预览：小书架"显示框中显示的两条平行线的两端已经用直线封口。

6. 单击"确定"按钮，关闭"多线样式"对话框。

图 3-118 将"小书架"多线样式置为当前多线样式

二、绘制左竖板

单击菜单栏中的"绘图（D）"→"多线（U）"命令（见图 3-119），启动"多线"命令，系统给出以下提示：

命令：MLINE

当前设置：对正 = 上，比例 = 20.00，样式 = 小书架

指定起点或 [对正 (J)/ 比例 (S)/ 样式 (ST)]: S

　　　　　　　　　　　　　　　// 单击"比例（S）"选项

输入多线比例 <20.00>: 15

　　　　　　　// 输入板的厚度（双线之间的距离）"15"，按回车键

当前设置：对正 = 上，比例 = 15.00，样式 = 小书架

指定起点或 [对正 (J)/ 比例 (S)/ 样式 (ST)]:

　　　　　　　　　　// 在绘图区适当位置拾取一点作为双线的起点

指定下一点：400

　　　　　　　// 竖直向上移动光标，输入"400"，按回车键，绘制左竖板

指定下一点或 [放弃 (U)]:　　　　　　　　　　// 按回车键结束命令

左竖板的绘制结果如图 3-120 所示。

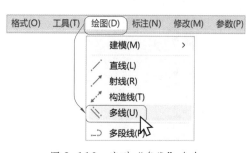

图 3-119 启动"多线"命令

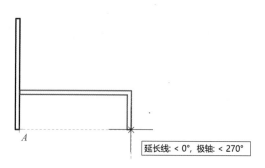

图 3-120 绘制左竖板和左支架

三、绘制左支架

按回车键重启"多线"命令，系统给出以下提示：

命令：MLINE

当前设置：对正 = 上，比例 = 15.00，样式 = 小书架

指定起点或 [对正 (J)/ 比例 (S)/ 样式 (ST)]: 140

      // 捕捉左竖板的右下侧顶点 A（见图 3-120）

     // 向上移动光标，输入"140"，按回车键，指定支架的起点

指定下一点：410   // 水平向右移动光标，输入"410"，按回车键

指定下一点或 [放弃 (U)]:   // 拾取该点的竖直追踪线与左竖板右下侧

    // 顶点 A 的水平追踪线的交点（见图 3-120），单击鼠标左键

指定下一点或 [闭合 (C)/ 放弃 (U)]:   // 按回车键结束命令

左支架的绘制结果如图 3-120 所示。

四、绘制右竖板

1. 按回车键重启"多线"命令。

2. 捕捉左支架右下侧端点 B，向右移动光标，输入"260"，按回车键，指定右竖板的起点。

3. 竖直向上移动光标，拾取起点的竖直追踪线与左竖板右上侧顶点 C 的水平追踪线的交点（见图 3-121），单击。

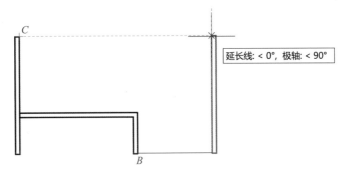

图 3-121 绘制右竖板

4. 按回车键结束命令。

右竖板的绘制结果如图 3-121 所示。

五、绘制右支架

1. 按回车键重启"多线"命令。

2. 捕捉左支架右上侧端点 *D*，向右移动光标，拾取 *D* 点的水平追踪线与右竖板左侧轮廓线的交点 *E*，如图 3-122 所示。

3. 水平向左移动光标，输入"410"，按回车键。

4. 竖直向上移动光标，输入"155"，按回车键。

5. 水平向右移动光标，拾取与右竖板左侧轮廓线的交点，单击。

6. 按回车键结束命令。

右支架的绘制结果如图 3-123 所示。

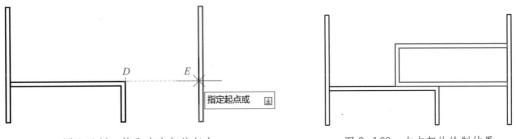

图 3-122 拾取右支架的起点   图 3-123 右支架的绘制结果

 选项说明

常用"多线"命令选项的功能

"对正（J）"：该选项用于确定绘制多线的基准。共有"上（T）""无（Z）""下（B）"三种对正样式，如图 3-124 所示。

"比例（S）"：该选项用于设置多线中两条平行线的间距比例。例如，将间距设置为 1 mm［见图 3-117 的"图元（E）"选项组中的"偏移"选项，上栏中的"0.5"与下栏中的"−0.5"表示多线的两条平行线偏移中心各 0.5 mm，则两条平行线之间的间距为 1 mm］。当将"比例（S）"设置为"20"时，则多线的两条平行线之间的实际距离为 20 mm。

"样式（ST）"：该选项用于设置当前使用的多线样式。

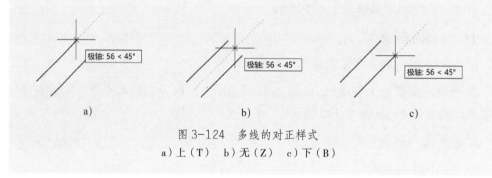

图 3-124　多线的对正样式
a）上（T）　b）无（Z）　c）下（B）

六、编辑多线

在图 3-123 中，两个竖板与支架相交处有轮廓线，需要修剪，但多线不能直接使用"修剪"命令进行修剪（可使用"分解"命令先将多线分解为多条线段），AutoCAD 2023 中提供了多线编辑工具，可以非常方便地对多线进行编辑。

单击菜单栏中的"修改（M）"→"对象（O）"→"多线（M）"命令（或双击某一条多线），打开"多线编辑工具"对话框（见图 3-125），选择"T 形打开"，系统给出以下提示：

命令：_mledit

选择第一条多线：　　　　　　　　　　　　　// 拾取左支架（不可拾取左竖板）

选择第二条多线：　　　　　　　　　　　　　　　　// 拾取左竖板

选择第一条多线 或 [放弃 (U)]:　　　　　　// 拾取右支架的上侧板（或下侧板）

选择第二条多线:	// 拾取右竖板
选择第一条多线 或 [放弃 (U)]:	// 拾取右支架的下侧板（或上侧板）
选择第二条多线:	// 拾取右竖板
选择第一条多线 或 [放弃 (U)]:	// 按回车键结束命令

多线的编辑结果如图 3–126 所示。至此，小书架绘制完毕。

图 3-125 "多线编辑工具"对话框

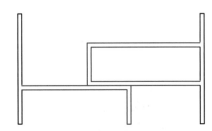

图 3-126 多线的编辑结果

项目四
设置与使用制图样板

任务一　创建制图样板

学习目标

1. 掌握设置文字样式、图层和尺寸样式的方法。
2. 能创建制图样板。

任务描述

一张完整的图样往往包含图线、尺寸及文字。为了快速方便地绘图，需要设置符合制图规范的样板。本任务以设置一个常用的制图样板为例介绍设置文字样式、线型和尺寸样式的方法。

任务实施

一、新建空白文件

启动 AutoCAD 2023，打开"选择样板"对话框，如图 4-1 所示。单击"打开"按钮右侧的下拉按钮，在展开的面板中选择"无样板打开 – 公制（M）"选项，新建一个 AutoCAD 空白文件。

图 4-1　新建 AutoCAD 空白文件

二、创建文字样式

1. 创建"汉字"文字样式

"文字样式"命令主要用于控制文字外观效果，如字体、字号、倾斜角度、旋转角度等。

（1）打开"文字样式"对话框

单击"默认"→"注释"右侧的下拉按钮 ，在展开的扩展面板中单击"文字样式"按钮 A （见图 4-2），打开"文字样式"对话框，如图 4-3 所示。当前文字样式为"Standard"，字体名为"txt.shx"。

（2）新建"汉字"文字样式

单击"新建（N）..."按钮（见图 4-3），打开"新建文字样式"对话框（见图 4-4），在"样式名"文本框中输入"汉字"，单击"确定"按钮。

（3）设置字体

系统返回"文字样式"对话框，此时在"文字样式"对话框中的"样式（S）"栏中已经添加了"汉字"文字样式，如图 4-5 所示。

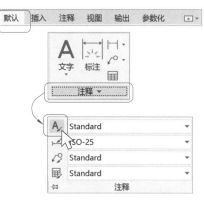

图 4-2　"注释"扩展面板上的
"文字样式"按钮

图 4-3 "文字样式"对话框

图 4-4 "新建文字样式"对话框

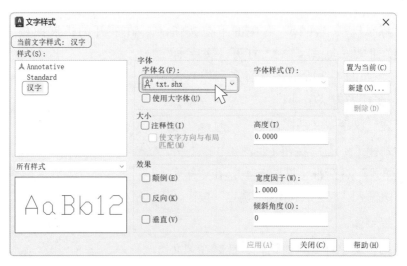

图 4-5 添加了"汉字"文字样式的"文字样式"对话框

单击"字体"选项组中的"字体名（F）"选项，在展开的下拉列表中选择"宋体"，如图 4-6 所示。

图 4-6 "字体名"下拉列表

选择字体后，"汉字"文字样式的"字体名（F）"选项显示的字体为"宋体"，如图 4-7 所示。在"文字样式"对话框左下侧的样式预览区中可以预览当前文字样式。

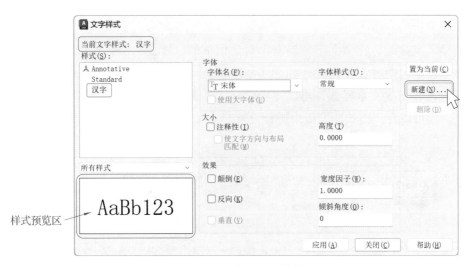

图 4-7 "汉字"文字样式

2. 创建"字母和数字"文字样式

再次单击"新建（N）..."按钮，新建"字母和数字"文字样式，"字体名（F）"选择"Times New Roman"，如图 4-8 所示。

在进行文字样式设置时，文字的"高度（T）""宽度因子（W）"和"倾斜角度（O）"可采用默认设置，在输入文字时再根据需要进行修改。

图 4-8 "字母和数字" 文字样式

3. 关闭"文字样式"对话框

先单击"应用（A）"按钮，再单击"关闭（C）"按钮（见图 4-8），完成"字母和数字"文字样式的创建。

当输入文字时，在"文字编辑器"对话框下的"样式"面板中增加了"字母和数字"和"汉字"两种文字样式，如图 4-9 所示。灰色背景的"字母和数字"为当前文字样式，若想切换文字样式，可以单击"样式"面板中的相应样式名。若需要采用其他样式，还可以在"格式"面板中进行设置。

图 4-9 "文字编辑器"对话框下的"样式"面板和"格式"面板

三、创建图层

机械图样中使用的图线主要有粗实线、细实线、波浪线、细点画线、细虚线和细双点画线等。为了便于对不同类型的图线进行管理，AutoCAD 设置了图层管理工具，以便将同类型的图线进行集中管理。图层的属性信息有颜色、线型、线宽等，用户可以对其属性信息进行编辑修改。当在某一图层上作图时，图形元素的颜色、线型和线宽就与当前图层完全相同。

AutoCAD 制图常用图线的种类、线型及线宽见表 4–1。

表 4–1　AutoCAD 制图常用图线的种类、线型及线宽

种类	线型		线宽 /mm
	AutoCAD 线型名称	外观	
粗实线	Continuous	————————————	0.30
细实线	Continuous	————————————	0.15
波浪线	Continuous	∼∼∼∼∼∼∼	0.15
细点画线	CENTER	—·—·—·—·—·—	0.15
细虚线	DASHED	— — — — — —	0.15
细双点画线	PHANTOM	— ·· — ·· — ·· —	0.15

1. 打开"图层特性管理器"选项板

在用 AutoCAD 2023 创建新文件时，系统会自动创建一个图层名为"0"的图层，这是系统的默认图层。如图 4–10 所示，在"图层"面板上显示了当前图层的名称，在"特性"面板上显示了当前图层对象的颜色、线宽和线型等。如果没创建其他图层，则所绘图形及输入的文字及字符都在"0"图层上。

图 4–10　"默认"选项卡上的"图层"和"特性"面板

如果用户需要使用多个图层，可创建新图层。单击"默认"→"图层"→"图层特性"按钮 ，打开"图层特性管理器"选项板，如图 4–11 所示。

单击"新建图层"按钮 ，系统创建一个名为"图层 1"的新图层，如图 4–12 所示。此时，"图层 1"文字编辑框处于可编辑状态，用户可直接在编辑框中输入新图层名称。

"新建图层"按钮

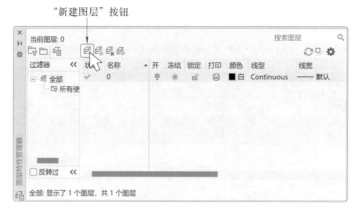

图 4-11 "图层特性管理器"选项板

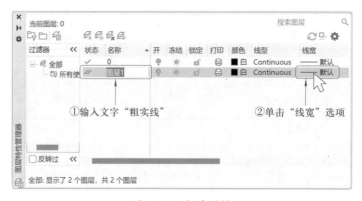

①输入文字"粗实线" ②单击"线宽"选项

图 4-12 新建图层

2. 创建"粗实线"图层

在"名称"栏输入文字"粗实线",单击该图层的"线宽"选项(见图 4-12),弹出"线宽"对话框(见图 4-13),选择 0.30 mm 线宽,单击"确定"按钮。线型采用系统默认线型(Continuous)设置,如图 4-14 所示。

图 4-13 "线宽"对话框

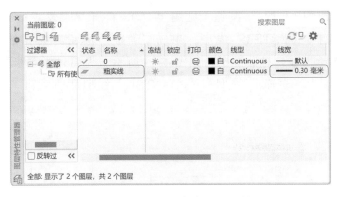

图 4-14 设置"粗实线"图层

3．创建细点画线图层

（1）单击"新建图层"按钮 ，新建"图层 2"。在"名称"栏输入"细点画线"（见图 4-15）。

（2）将线宽设置为 0.15 mm（见图 4-15）。

（3）单击该图层的"线型"选项，弹出"选择线型"对话框，如图 4-16 所示。

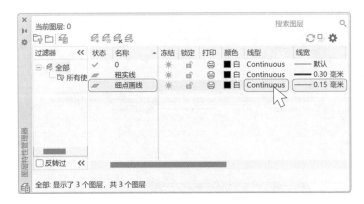

图 4-15 创建"细点画线"图层

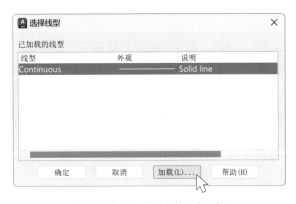

图 4-16 "选择线型"对话框

（4）单击"加载（L）..."按钮（见图4-16），打开"加载或重载线型"对话框（见图4-17），选择"CENTER"线型，单击"确定"按钮，选择的"CENTER"线型被加载到"选择线型"对话框中，如图4-18所示。为简化设置步骤，可再次单击"加载"按钮，将"DASHED"线型和"PHANTOM"线型都加载到"选择线型"对话框中。

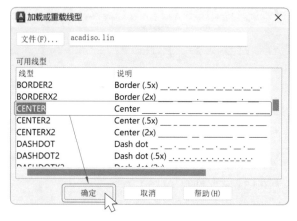

图 4-17 "加载或重载线型"对话框

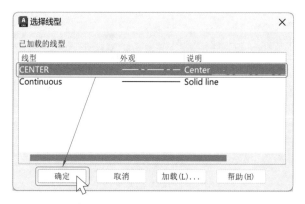

图 4-18 加载了"CENTER"线型的"选择线型"对话框

（5）选择"CENTER"线型，单击"确定"按钮（见图4-18），将"CENTER"线型加载给当前被选择的细点画线图层，如图4-19所示。

4. 创建其他图层

用同样的方法创建细实线（线型为 Continuous，线宽为 0.15 mm）、细虚线（线型为 DASHED，线宽为 0.15 mm）和细双点画线（线型为 PHANTOM，线宽为 0.15 mm）图层，如图4-20所示。

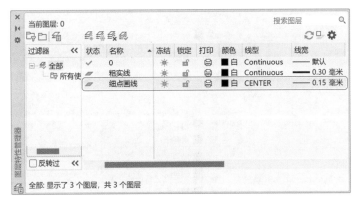

图 4-19 加载了"CENTER"线型的细点画线图层

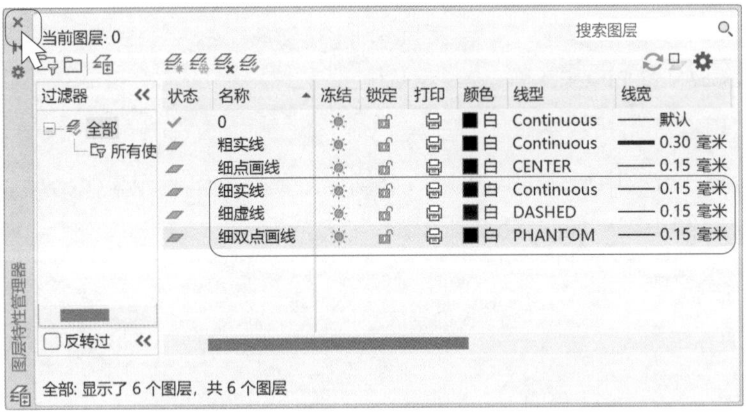

图 4-20 创建细实线、细虚线和细双点画线图层

5. 关闭"图层特性管理器"

单击"图层特性管理器"选项板左上侧的"关闭"按钮 ✕（见图 4-20），关闭"图层特性管理器"选项板。

6. 设置当前图层

在 AutoCAD 2023 中，虽然允许用户设置多个图层，但当前绘图图层只能是一个，称之为"当前图层"，用户只能在当前图层上绘制图形，且绘制的图形的属性也从属于当前图层的属性。系统默认的当前图层为 0 层，在绘图时应根据绘制对象的属性把相应的图层设置为当前图层。例如，绘制细点画线时，就要先把"细点画线"图层设置为当前图层，绘制粗实线时，就要把"粗实线"图层设置为当前图层。切换当前图层的方法是：单击"默认"→"图层"面板上方的"图层"列表框，打开下拉列表（见图 4-21）。选择要设置成当前图层的图层名称。

上述方法只能在当前没有对象被选择的情况下使用。如在有对象被选择的情况下进行上述操作，则会将已选择对象原来所从属的图层更改为新选择的图层。

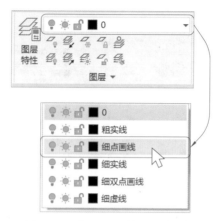

图 4-21 打开"图层"下拉列表

四、创建尺寸样式

1. 认识尺寸的组成

在 AutoCAD 2023 中标注的尺寸是一个复合对象，其组成元素包括尺寸线、尺寸界线、标注文字和箭头等，如图 4-22 所示。

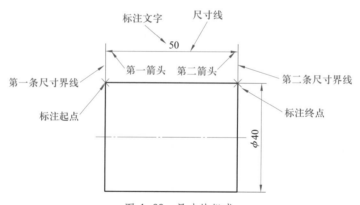

图 4-22 尺寸的组成

标注尺寸的外观是由标注样式控制的，在默认状态下，AutoCAD 2023 提供了一个名为"ISO-25"的标注样式，用户可以修改此样式的设置或以此为基础新建自己的标注样式。机械图样常用的尺寸样式有线性尺寸、角度尺寸、半径和直径尺寸等，其参数及样式设置见表 4-2。

2. 设置文字样式

单击"默认"→"注释"右侧的下拉按钮 ▼，在展开的扩展面板中单击"文字样式"列表框，在展开的下拉列表中选择"字母和数字"文字样式（见图 4-23），将其设置为当前文字样式。

表4-2　尺寸样式的参数及样式设置

尺寸样式		线性尺寸	角度尺寸	半径和直径尺寸
"线"选项卡	超出尺寸线（X）	2	2	2
	起点偏移量（F）	0	0	0
"符号和箭头"选项卡	箭头大小（I）	5	5	5
"文字"选项卡	文字样式（Y）	宋体	宋体	宋体
	文字高度（T）	5	5	5
	从尺寸线偏移（O）	1	1	1
	文字对齐（A）	与尺寸线对齐	水平	ISO标准
"调整"选项卡	调整选项（F）	文字和箭头（最佳效果）	文字和箭头（最佳效果）	文字

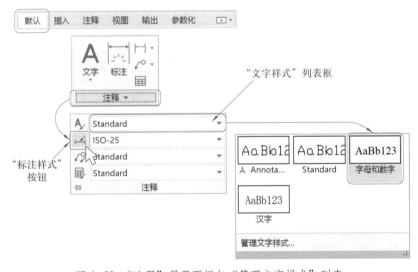

图4-23　"注释"展开面板与"管理文字样式"列表

3．创建"线性尺寸"标注样式

（1）单击"默认"→"注释"→"标注样式"按钮 🔶（见图4-23），打开"标注样式管理器"对话框，如图4-24所示。

（2）在"标注样式管理器"对话框中单击"新建（N）…"按钮，系统弹出"创建新标注样式"对话框（见图4-25），在该对话框中输入新样式名"线性尺寸"。系统默认将"ISO-25"标注样式作为基准标注样式。

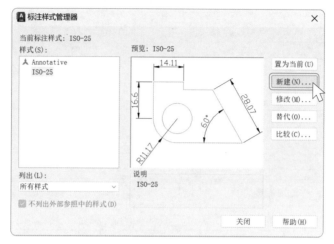

图 4-24 "标注样式管理器"对话框

图 4-25 "创建新标注样式"对话框

（3）在"创建新标注样式"对话框中单击"继续"按钮，系统弹出"新建标注样式：线性尺寸"对话框，如图 4-26 所示。该对话框共有"线""符号和箭头""文字""调整""主单位""换算单位"和"公差"七个选项卡，在这些选项卡中用户可以修改标注样式。

（4）单击"线"按钮，切换到"线"选项卡，将"超出尺寸线（X）"设置为"2"，"起点偏移量（F）"设置为"0"，其他参数采用默认设置，如图 4-26 所示。

（5）单击"符号和箭头"按钮，切换到"符号和箭头"选项卡，将"箭头大小（I）"设置为"5"，其他参数采用默认设置，如图 4-27 所示。

（6）单击"文字"按钮，切换到"文字"选项卡，将"文字样式（Y）"设置为"字母和数字"，将"文字高度（T）"设置为"5"，将"从尺寸线偏移（O）"设置为"1"，其他参数采用默认设置（文字对齐方式为"与尺寸线对齐"），如图 4-28 所示。

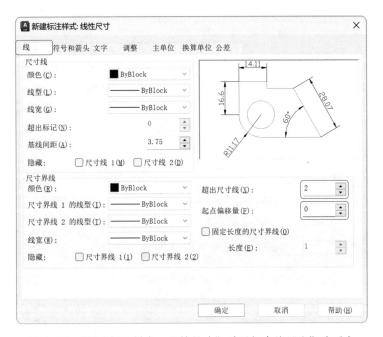

图 4-26　"新建标注样式：线性尺寸"对话框中的"线"选项卡

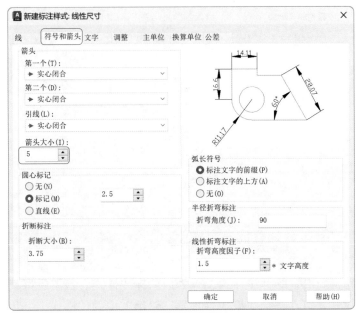

图 4-27　"符号和箭头"选项卡

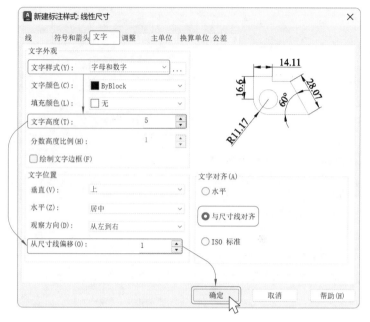

图 4-28 "文字"选项卡

（7）"调整""主单位""换算单位""公差"选项卡的参数均采用默认设置。单击对话框上的"确定"按钮（见图 4-28），"线性尺寸"标注样式设置完毕，系统返回"标注样式管理器"对话框。此时对话框上的"样式（S）"栏中会增加一个"线性尺寸"样式，如图 4-29 所示。

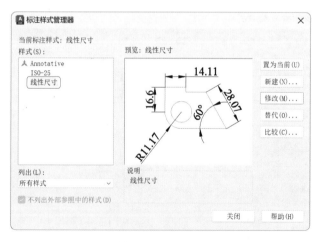

图 4-29 "线性尺寸"的标注样式创建结果

系统会自动将新设置的标注样式设置为当前标注样式。若需要将其他标注样式设置为当前标注样式，可在"标注样式管理器"对话框中的"样式（S）"栏中单击选中相应的样式名，然后再单击"置为当前（U）"按钮。

4. 创建"半径和直径尺寸"标注样式

（1）在"标注样式管理器"对话框中的"样式"栏中选择"线性尺寸"，单击"新建"按钮，打开"创建新标注样式"对话框。

（2）以"线性尺寸"标注样式为基础标注样式，创建"半径和直径尺寸"标注样式。

（3）在"文字"选项卡下的"文字对齐（A）"选项组中点选"ISO 标准"（见图4-30）。

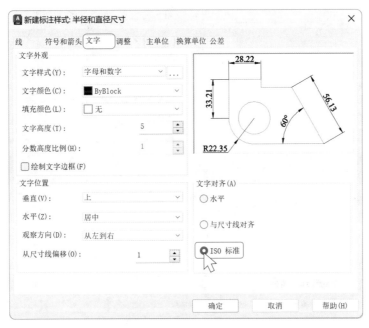

图 4-30　点选"ISO 标准"

（4）在"调整"选项卡下的"调整选项（F）"选项组中点选"文字"（见图4-31）。

（5）设置完毕单击"确定"按钮。

5. 创建"角度尺寸"标注样式

（1）在"标注样式管理器"对话框中的"样式（S）"栏中选择"线性尺寸"，以"线性尺寸"标注样式作为基础标注样式，创建"角度尺寸"标注样式。

（2）在"文字"选项卡下的"文字对齐（A）"选项组中选择"水平"，如图4-32所示。

（3）设置完毕单击"确定"按钮。

6. 关闭"标注样式管理器"对话框

如图4-33所示，选择"线性尺寸"，单击"置为当前（U）"按钮，将最常用的"线性尺寸"标注样式设置为当前标注样式。单击"标注样式管理器"对话框中的"关闭"按钮，结束标注样式的创建。

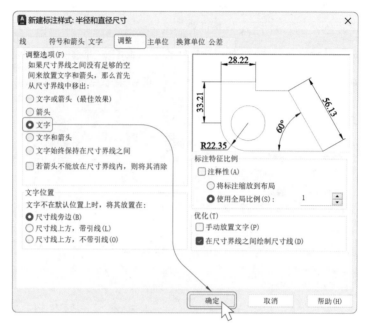

图 4-31　点选"文字"

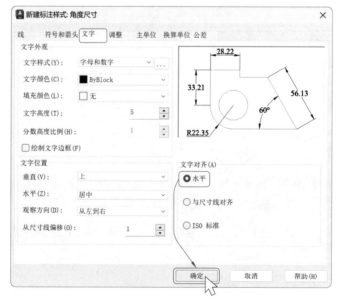

图 4-32　点选"水平"

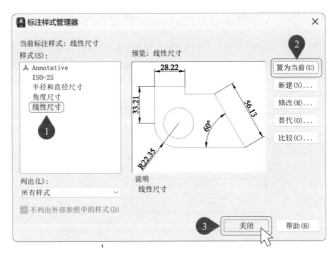

图 4-33　创建了三种尺寸标注样式的"标注样式管理器"对话框

五、保存图形样板

为了今后绘图方便，可以将设置好的图形文件保存为图形样板文件。具体操作步骤如下。

1. 单击"文件"菜单中的"保存"（或"另存为"）命令，弹出"图形另存为"对话框，如图 4-34 所示。

2. 在"文件类型"栏中选择"AutoCAD 图形样板（*.dwt）"格式。

3. 输入文件名"制图样板"。

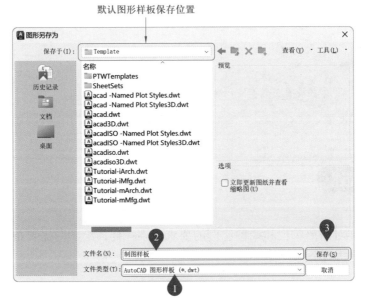

图 4-34　保存制图样板

4. 选择文件保存位置（系统默认在 Template 目录下），单击"保存（S）"按钮。

保存完成后，弹出"样板选项"对话框（见图 4-35），可以在"说明"文本框中输入对该样板的简短描述，单击"确定"按钮，完成图形样板的创建。以后的绘图工作就可以在此样板的基础上进行了。

图 4-35 "样板选项"对话框

任务二　设置图形单位和线型比例

掌握设置图形单位和线型比例的方法。

不同的图样对图形单位和线型比例的要求也不一样，绘图时需要根据所绘对象的大小及复杂程度进行合理设置。

一、设置图形单位

在 AutoCAD 2023 屏幕上显示的图形需要有实际的单位才能确定其大小，比如尺寸单位是选择毫米还是米，角度单位是选择"度／分／秒"还是"十进制度数"，所有这些在绘图前都需要进行设置。此外，还需要对绘图的精度进行设置。

1. 打开"图形单位"对话框

单击菜单栏中的"格式（O）"→"单位（U）"命令，打开"图形单位"对话框，如图 4-36 所示。

图 4-36 "图形单位"对话框及精度设置

 选项说明

"图形单位"对话框常用选项说明

"长度"选项组："类型（T）"用于指定测量长度尺寸的类型，如小数、分数等。"精度（P）"用于指定测量长度的精度。

"角度"选项组："类型（Y）"用于指定测量角度尺寸的类型，如度／分／秒、十进制度数等。"精度（N）"用于指定测量角度的精度。"顺时针"复选框用于设置角度的方向，如果勾选该选项，在绘图过程中就以顺时针为正角度方向，否则以逆时针为正角度方向。

2. 设置长度尺寸和角度尺寸的单位

（1）如图 4-36 所示，在"长度"选项组中，单击"精度（P）"下拉按钮，可以在展开的"精度"下拉列表中选择合适的长度尺寸精度，如"0.00"。

（2）如图 4-36 所示，在"角度"选项组中，单击"精度（N）"下拉按钮，可以在展开的"精度"下拉列表中选择合适的角度尺寸精度，如"0.0"。

（3）设置完成后，单击"确定"按钮，关闭"图形单位"对话框。

二、设置线型比例

线型比例可以用于设定细点画线、细虚线、细双点画线等非连续图线的比例，不同线型比例的线型示例如图 4-37 所示。

图 4-37　不同线型比例的线型示例

a）细点画线　b）细虚线　c）细双点画线

1. 单击"默认"→"特性"面板右下侧的斜箭头 ↘（见图 4-38），打开"特性"选项板，如图 4-39 所示。

图 4-38　"特性"面板右下侧的斜箭头

2. 根据所绘制图样的大小和复杂程度设置"线型比例"（如设置为"0.5"），如图 4-39 所示。选择已绘制的图线，也可以在"特性"选项板中改变其线型比例。单击"特性"选项板左上侧的"关闭"按钮 ✕，即可关闭"特性"选项板。

图 4-39　"特性"选项板

任务三　绘　制　压　板

掌握使用制图样板的方法,培养绘制图样的能力。

　　图 4-40a 所示为压板的俯视图,图中的图线包含直线、圆和圆弧,线型有细点画线、粗实线、细虚线;图中的尺寸有线性尺寸、直径尺寸、半径尺寸和角度尺寸。利用"制图样板"绘制该图和标注尺寸比利用"acadiso.dwt"要方便很多。该图形左右对称,绘制图形时,可先绘制左侧图形,然后镜像出右侧图形。下面学习如何绘制该图形并标注尺寸。

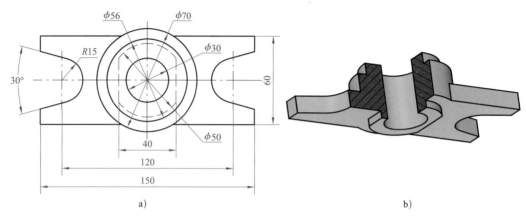

图4-40　压板

a）俯视图　b）立体图

一、新建空白文件

打开"制图样板"，新建一个空白文件。单击菜单栏中的"修改（M）"→"特性（P）"命令（见图4-41），弹出"特性"选项板，将线型比例修改为"0.4"。

图4-41　单击菜单栏中的"修改（M）"→"特性（P）"命令

二、绘制图形

1. 绘制对称中心线

（1）设置当前图层

单击"默认"→"图层"面板上方的"图层"列表框，在下拉列表中选择"细点画线"图层，将"细点画线"图层设置为当前图层。

（2）绘制水平对称中心线

在命令行中输入"L"，按回车键，启动"直线"命令，绘制一条长为 160 mm 的水平对称中心线。

（3）绘制中间竖直对称中心线

按回车键重启"直线"命令，系统给出以下提示：

命令：LINE

指定第一个点：40　　　　　　//捕捉水平对称中心线的"中点"（见图 4-42a）

　　　　　　　　　　//竖直向上移动光标，输入"40"（见图 4-42b），按回车键

指定下一点或 [放弃 (U)]: 80

　　　　　　　　　　//竖直向下移动光标，输入"80"（见图 4-42c），按回车键

指定下一点或 [放弃 (U)]:　　　　　　　　　　//按回车键结束命令

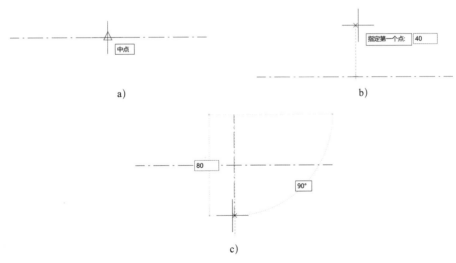

a)　　　　　　　　　　　　　　　　b)

c)

图 4-42　绘制中间竖直对称中心线

a）捕捉水平对称中心线的"中点"　b）指定竖直对称中心线的起点
c）指定竖直对称中心线的终点

（4）绘制左侧"R15"圆弧的竖直对称中心线

1）重启"直线"命令，系统给出以下提示：

命令：_line

指定第一个点：60   // 捕捉两条对称中心线的交点，水平向左移动光标

                  // 输入"60"，按回车键，指定左侧对称中心线的起点

指定下一点或 [放弃 (U)]: 40

                  // 竖直向上移动光标输入"40"（见图 4-43a），按回车键

指定下一点或 [放弃 (U)]:   // 按回车键结束命令

2）选择左侧的竖直对称中心线，拾取直线"中点"，竖直向下，将其移动到与水平对称中心线的交点处，如图 4-43b 所示。

3）按 Esc 键，取消对左侧竖直对称中心线的选择。

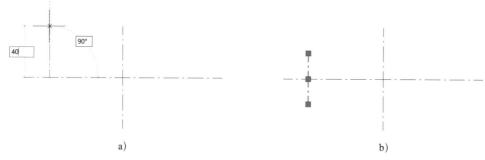

图 4-43　绘制左侧 "R15" 圆弧的竖直对称中心线

a）绘制对称中心线　b）移动对称中心线

2. 绘制 "$\phi70$""$\phi56$" 和 "$\phi30$" 圆

（1）将"粗实线"图层设置为当前图层。

（2）在命令行中输入"C"，按回车键，启动"圆心、半径"命令，绘制"$\phi70$"圆。

（3）按回车键重启"圆心、半径"命令，绘制"$\phi56$"圆。

（4）按回车键重启"圆心、半径"命令，绘制"$\phi30$"圆。

绘制结果如图 4-44 所示。

3. 绘制左侧外边框

启动"直线"命令，绘制左侧外边框，如图 4-45 所示。绘图时，先绘制左侧竖线，再绘制上、下两侧的横线。

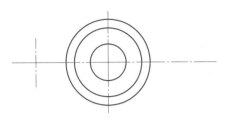

图 4-44　绘制 "φ70" "φ56" 和 "φ30" 圆

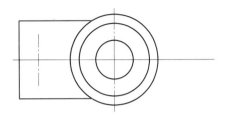

图 4-45　绘制左侧外边框

4. 绘制左侧槽口

（1）绘制一个半径为 15 mm 的圆

启动 "圆心、半径" 命令，以水平对称中心线与左侧竖直对称中心线的交点为圆心，绘制一个半径为 15 mm 的圆，如图 4-46a 所示。

（2）绘制槽口上侧斜线

在命令行输入 "L"，按回车键，启动 "直线" 命令，系统给出以下提示：

命令：L

LINE

指定第一个点：　　　　　　　　　　　　　// 捕捉左侧圆的圆心，沿 75° 方向

　　　　　　　　　　　　　　　　　　　　// 移动光标（见图 4-46b），拾取追踪线与圆的交点

指定下一点或 [放弃 (U)]：

　　　　　　　　　　　　// 沿 165° 方向移动光标，拾取追踪线与左侧轮廓线的交点

指定下一点或 [放弃 (U)]：　　　　　　　　　　　// 按回车键结束命令

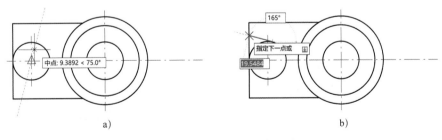

a)　　　　　　　　　　　　　　　b)

图 4-46　绘制左侧槽口上侧斜线

a）拾取斜线的起点　b）拾取斜线的终点

（3）绘制槽口下侧斜线

利用 "直线" 命令或 "镜像" 命令绘制槽口下侧斜线，如图 4-47 所示。

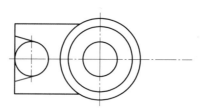

图 4-47　绘制左侧槽口下侧斜线

（4）修剪多余的圆弧和直线

在命令行中输入"TR"，按回车键，启动"修剪"命令，系统给出以下提示：

命令：TR

TRIM

当前设置：投影 =UCS, 边 = 无 , 模式 = 快速

选择要修剪的对象，或按住 Shift 键选择要延伸的对象或

[剪切边 (T)/ 窗交 (C)/ 模式 (O)/ 投影 (P)/ 删除 (R)]: T

　　　　　　　　　　　　　　//输入"T"，按回车键，启动"剪切边（T）"选项

当前设置：投影 =UCS, 边 = 无 , 模式 = 快速

选择剪切边 ...

选择对象或 < 全部选择 >: 找到 1 个　　　　　　　　//选择上侧或下侧的斜线

选择对象 : 找到 1 个，总计 2 个　　　　　　　　　//选择另一条斜线

选择对象 :　　　　　　　　　　　　　　　//按回车键结束选择

选择要修剪的对象，或按住 Shift 键选择要延伸的对象或

[剪切边 (T)/ 窗交 (C)/ 模式 (O)/ 投影 (P)/ 删除 (R)]:

　　　　　　　　　　　　//单击"R15"圆的左侧轮廓线（见图 4-48a）

选择要修剪的对象，或按住 Shift 键选择要延伸的对象或

[剪切边 (T)/ 窗交 (C)/ 模式 (O)/ 投影 (P)/ 删除 (R)/ 放弃 (U)]:

　　　　　　　　　　//单击左侧竖直轮廓线的中间线段（见图 4-48b）

选择要修剪的对象，或按住 Shift 键选择要延伸的对象或

[剪切边 (T)/ 窗交 (C)/ 模式 (O)/ 投影 (P)/ 删除 (R)/ 放弃 (U)]:

　　　　　　　　　　　　　　　　//按回车键结束命令

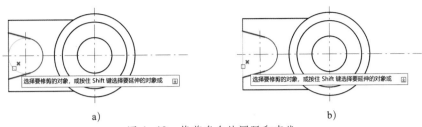

图 4-48　修剪多余的圆弧和直线

a）修剪圆弧　b）修剪直线

5. 镜像出右侧图形

（1）启动"镜像"命令。

（2）选择左侧的图线，按回车键。

（3）拾取中间竖直对称中心线上的两点（见图 4-49）。

（4）按回车键完成镜像。

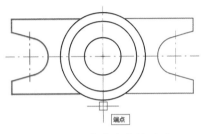

图 4-49　镜像出右侧图形

6. 绘制中间的细虚线

（1）设置当前图层

压板下侧的凸台用细虚线绘制，将"细虚线"图层设置为当前图层。

（2）绘制直径为 50 mm 的圆

启动"圆心、半径"绘制圆命令，绘制一个直径为 50 mm 的圆，如图 4-50 所示。

（3）绘制两侧竖线

启动"直线"命令，绘制某一侧的竖线。启动"镜像"命令，镜像出另一侧的竖线，如图 4-50 所示。

（4）修剪多余的圆弧

启动"修剪"命令，修剪多余的圆弧，结果如图 4-51 所示。

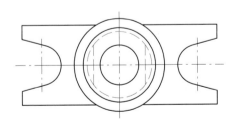

图 4-50　绘制细虚线圆和细虚线竖线

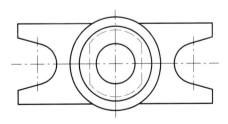

图 4-51　修剪多余的圆弧后的结果

三、标注尺寸

根据需要标注的对象不同，AutoCAD 提供了多种尺寸标注方法，单击"默认"→"注释"→"线性"右侧的下拉按钮 ▼，在展开的面板中有各种尺寸标注命令按钮，如图 4-52 所示。

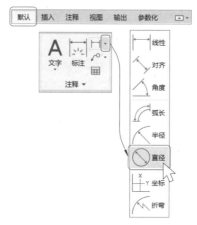

图 4-52　尺寸标注命令按钮

功能解读

常用尺寸标注命令的功能见表 4-3。

表 4-3　常用尺寸标注命令的功能

名称	符号	功能
线性	⊢⊣	用于标注对象的线性距离或长度，可以进行水平标注和竖直标注
对齐		用于标注对象的线性距离或长度，一般用于标注非水平和非竖直方向上的线性尺寸，其尺寸线沿对象的方向放置
角度	△	用于标注两条不平行直线间的角度
半径		用于标注圆弧的半径尺寸
直径	⊘	用于标注圆或圆弧的直径尺寸

1. 标注四个直径尺寸

（1）将"细实线"图层设置为当前图层，如图 4-53 所示。

（2）单击"注释"右侧的下拉按钮 ▼ ，在展开的面板中单击"标注样式"列表框，选择"半径和直径尺寸"标注样式（见图 4-53），将其设置为当前标注样式。

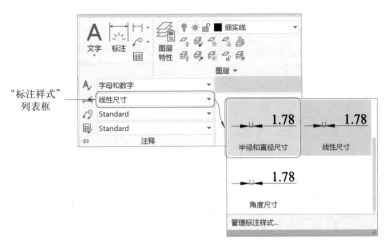

图 4-53　"标注样式"列表框与"标注样式"列表

（3）单击"默认"→"注释"→"线性"右侧的下拉按钮 ▼ →"直径"按钮 ⊘（见图 4-52），启动"直径"命令，标注尺寸"$\phi 70$"，系统给出以下提示：

命令：_dimdiameter

选择圆弧或圆：　　　　　　　　　　　　　　　　　　　　// 选择"$\phi 70$"圆

标注文字 = 70

指定尺寸线位置或 [多行文字 (M)/ 文字 (T)/ 角度 (A)]：

　　　　　　　　　　　　　　　　　　　　　　　// 移动光标到适当位置，单击

尺寸"$\phi 70$"的标注结果如图 4-54a 所示。

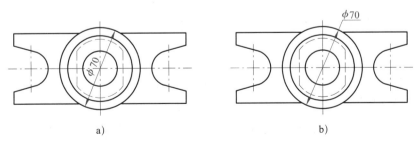

图 4-54　标注尺寸"$\phi 70$"

a）标注"$\phi 70$"圆的直径　b）移动尺寸数字

（4）选择尺寸"φ70"，移动光标到"φ70"圆外侧适当位置，单击鼠标左键，移动尺寸数字的结果如图 4-54b 所示。

（5）用同样的方法标注尺寸"φ56""φ50"和"φ30"，如图 4-55 所示。

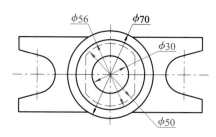

图 4-55　标注尺寸"φ56""φ50"和"φ30"

2. 标注半径尺寸"R15"

（1）启动"半径"命令，在俯视图上标注尺寸"R15"，如图 4-56a 所示。AutoCAD 2023 自动生成的半径的符号"R"为正体，双击尺寸，打开"文字管理器"对话框，同时打开文本输入窗口。

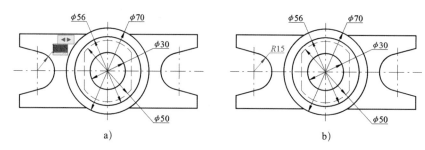

a)　　　　　　　　　　　　　　　　b)

图 4-56　标注半径尺寸"R15"
a）标注"R15"后选择字符　b）字符的修改结果

（2）单击字符，使字符处于被选中状态（填充的底色呈深蓝色）。重新输入"R15"，将字母"R"修改为斜体。

（3）修改完毕，在空白处单击，完成尺寸数字的修改。

（4）此时光标变为小方框，文本编辑命令处于激活状态，按回车键（或 Esc 键）结束命令。

字符的修改结果如图 4-56b 所示。

3. 标注线性尺寸"40""120""150"和"60"

（1）将"线性尺寸"标注样式设置为当前标注样式。

（2）单击"默认"→"注释"→"线性"右侧的下拉按钮 ▼ →"线性"按钮 ⊢（见图 4-52），启动"线性"命令，标注尺寸"40"，系统给出以下提示：

命令：_dimlinear

指定第一个尺寸界线原点或 < 选择对象 >：　　　　// 拾取 A 点（见图 4-57，下同）

指定第二条尺寸界线原点：　　　　　　　　　　　　// 拾取 B 点

指定尺寸线位置或

[多行文字 (M)/ 文字 (T)/ 角度 (A)/ 水平 (H)/ 垂直 (V)/ 旋转 (R)]:

// 移动光标到适当位置，单击

标注文字 = 40

线性尺寸"40"的标注结果如图 4-57 所示。

（3）用同样的方法标注线性尺寸"120""150"和"60"，如图 4-58 所示。

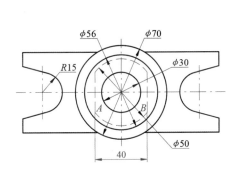

图 4-57 线性尺寸"40"的标注结果

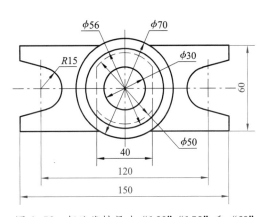

图 4-58 标注线性尺寸"120""150"和"60"

4. 标注角度尺寸"30°"

（1）将"角度尺寸"标注样式设置为当前标注样式。

（2）启动"角度"命令。

（3）分别拾取左侧槽口的上下两条斜线。

（4）移动光标到适当位置，单击。

角度尺寸"30°"的标注结果如图 4-59 所示。

5. 整理、检查图样

整理、检查图样主要是检查图形是否符合机械制图的相关规定，例如，图线的宽度和线型是否绘制正确，尺寸标注是否正确等。

在图 4-59 中，粗实线、细虚线的画法符合机械制图的规定，尺寸标注也规范，但有细点画线的点或间隔与轮廓线相交的情况，修改细点画线与轮廓线不规范相交处可以采用"打断于点"命令。

"打断于点"命令用于将所选对象在某一点处打断，打断之处没有间隙。有效的打

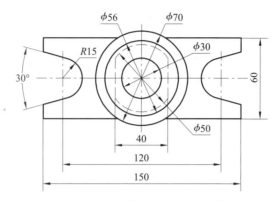

图 4-59　角度尺寸"30°"的标注结果

断对象包括直线、圆弧、矩形和多边形等，但不能打断圆和椭圆。

（1）单击"默认"→"修改"面板下侧的下拉按钮 ⬇ ，在展开面板中单击"打断于点"按钮 ▱ （见图 4-60），启动"打断于点"命令，系统给出以下提示：

图 4-60　启动"打断于点"命令

命令：_breakatpoint

选择对象：　　　　　　　　　　　　// 选择水平对称中心线（见图 4-61a）

指定打断点：　　　　　　　　　　　// 移动光标到打断位置（见图 4-61b），单击

打断后的水平对称中心线由一条变成了两条首尾相连的直线，选择图线后，显示的夹点数目为 5 个，如图 4-61c 所示。

（2）重启"打断于点"命令，在其他适当位置打断对称中心线。

（3）对照图 4-40a 检查自己所绘制的图样，更正错误。

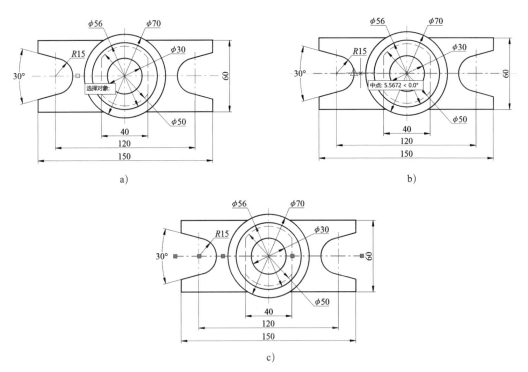

图 4-61 在水平对称中心线的适当位置打断
a）选择水平对称中心线 b）移动光标到打断位置 c）打断后的结果

项目五
表格与注释

任务一　绘制单级齿轮减速器装配工艺过程卡

学习目标

掌握创建表格的一般方法。

任务描述

　　AutoCAD 2023 为用户提供了表格的创建与填充功能。使用"表格"命令，可以非常方便地创建表格并填写表格内容。下面以绘制图 5-1 所示单级齿轮减速器装配工艺

工序号	工序名称	工序内容	工作部门	设备与工艺装备	辅助材料	工时定额/min
单级齿轮减速器装配工艺过程卡						
1	清洗	按图样要求领取零件，清洗零件	装配车间	清洗池、毛刷等	汽油或煤油	
2	部件装配	组装挡油环、滚动轴承与齿轮轴组件	装配车间	钳工工作台、铜棒、锤子、钢丝钳、专用压套等	润滑油、润滑脂	
3	部件装配	组装键、齿轮、定位套、滚动轴承与从动轴组件	装配车间	钳工工作台、铜棒、锤子、钢丝钳、专用压套等	润滑油、润滑脂	
4	总装配		装配车间	钳工工作台、呆扳手、锤子、旋具等		
5	检验	检验、试车	装配车间	红丹粉、杠杆百分表等		

图 5-1　单级齿轮减速器装配工艺过程卡

过程卡为例分析创建表格的方法。

一、新建空白文件

打开"制图样板"，新建一个空白文件。将"细实线"图层设置为当前图层。

二、创建表格

1. 启动"表格"命令

单击"默认"→"注释"→"表格"按钮 ▦ ，打开"插入表格"对话框，如图 5-2 所示。

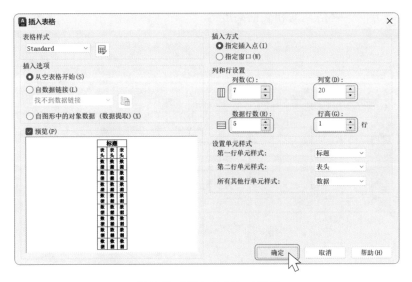

图 5-2　"插入表格"对话框

2. 设置参数

在"列数（C）"文本框中输入"7"，在"列宽（D）"文本框中输入"20"（选择表格中相同列宽的数目较多的列宽尺寸）。在"数据行数（R）"文本框中输入"5"。其他参数采用默认设置，如图 5-2 所示。

3. 插入表格

单击"插入表格"对话框中的"确定"按钮，插入一个空白表格（见图 5-3）。表格的第一行为标题行，第二行为表头行，下面各行为数据行。

图 5-3　插入表格

4. 调整表格列宽

（1）打开"特性"选项板

在空白处单击鼠标左键，然后单击表格上的任意一条直线，选择表格，在表格上出现数个夹点（见图 5-4a）。单击"默认"→"特性"面板右下侧的斜箭头 ↘，弹出"特性"选项板（见图 5-4b）。在"表格"选项组中显示了表格的属性，如表格样式、行数、列数、方向、表格宽度和表格高度等。

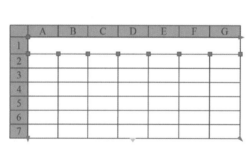

a)　　　　　　　　　　　　　b)

图 5-4　表格特性

a）选中表格　b）"特性"选项板

小贴士

在"特性"选项板中，呈灰色显示的选项为不可编辑状态，呈黑色显示的选项为可编辑状态。

（2）调整行高

1）单击行号"1"，在"特性"选项板中显示的"单元高度"为"11"，无须调整。

2）单击行号"2"，在"特性"选项板中将"单元高度"修改为"25"，如图 5-5 所示。

图 5-5　修改第二行的高度

3）其余各行的高度为"20"，用同样的方法，依次修改第三行至第七行的高度，如图 5-6 所示。

（3）设置列宽和文字"对齐"方式

1）设置列 A 的列宽和文字"对齐"方式

单击列号"A"，使列 A 的边框处于可编辑状态，在"特性"选项板中将单元宽度修改为"15"，将"对齐"方式设置为"正中"，如图 5-7 所示。

2）设置列 B 的列宽和文字"对齐"方式

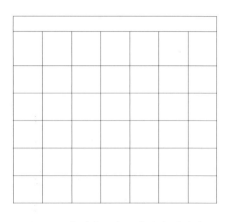

图 5-6　修改第三行至第七行的高度

单击列号"B"，使列 B 的边框处于可编辑状态。在"特性"选项板中可以看到，列 B 的单元宽度为"20"，无须修改；将"对齐"方式设置为"正中"。

3）设置列 C 的列宽和文字"对齐"方式

①单击列号"C"，使列 C 的边框处于可编辑状态。在"特性"选项板中将单元宽度修改为"80"，如图 5-8 所示。

②单击 C2 单元格，使 C2 单元格的边框处于可编辑状态。在"特性"选项板中显示其"对齐"方式为"正中"，无须调整。

图 5-7　修改 A 列的宽度和"对齐"方式

③单击 C3 单元格，向下拖动右下角的夹点，选择"C3"及其下侧的所有单元格，使选择的边框处于可编辑状态（也可按住 Shift 后单击 C7 单元格）。在"特性"选项板中将对齐方式设置为"左中"，如图 5-8 所示。

图 5-8　修改列 C 的列宽和 C3 及其下侧各单元格的对齐方式

4）设置其余各列的列宽和文字"对齐"方式

按照图 5-1 所示的尺寸设置其余各列的列宽，将文字"对齐"方式设置为"正中"，完成设置的表格如图 5-9 所示。

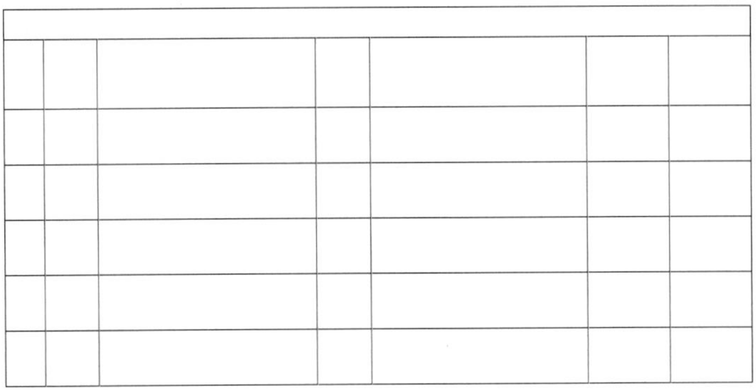

图 5-9　完成设置的表格

 小贴士

当表格的尺寸要求不严格时，可以通过拖动夹点的方式调整行高和列宽。

三、填写表格内容

1. 填写标题

（1）在标题行单击鼠标左键，该文本框处于可编辑状态，同时弹出"文字编辑器"对话框。在"样式"面板中选择"汉字"文字样式。系统默认的文字高度为"6"，若选择其他高度可在文字编辑器中的"样式"面板中修改。

（2）在标题行填写标题"单级齿轮减速器装配工艺过程卡"，如图 5-10 所示。

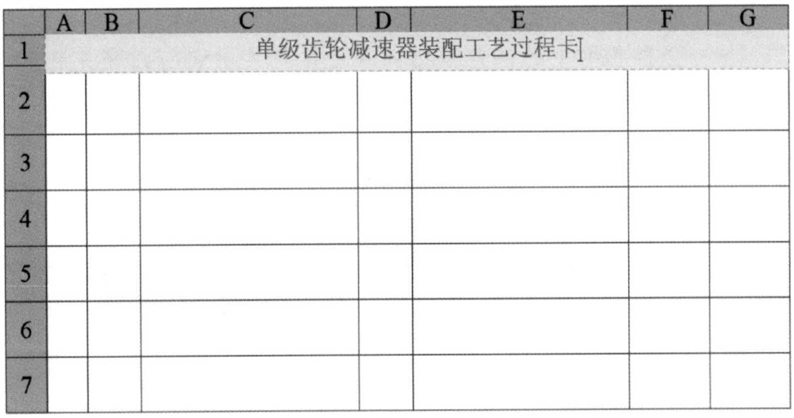

图 5-10　填写标题

2. 填写表头

（1）按回车键，光标跳到 A2 单元格。在"文字编辑器"对话框中的"样式"面板中选择"汉字"文字样式（系统默认的文字高度为"4.5"），在 A2 单元格中填写"工序号"。

（2）按向右的方向键，将光标移到 B2 单元格。用同样的方法选择文字样式，在 B2 单元格内填写"工序名称"。

（3）依次填写表头的其他内容，如图 5-11 所示。

单级齿轮减速器装配工艺过程卡						
工序号	工序名称	工序内容	工作部门	设备与工艺装备	辅助材料	工时定额/min

图 5-11　填写表头

小贴士

①在输入"工时定额/min"时，需要在输入完"工时定额"后同时按下 Alt+回车键，使文字分段后再输入"/min"。如果只按回车键，则光标移到表格的下一行。

②在表格中的任意框格内双击鼠标左键都可以使光标移到该单元格，也可以按方向键移动光标位置。

3. 填写数据行的内容

将光标移到需要填写文字的位置，填写其他各项内容，如图 5-12 所示。

单级齿轮减速器装配工艺过程卡						
工序号	工序名称	工序内容	工作部门	设备与工艺装备	辅助材料	工时定额/min
1	清洗	按图样要求领取零件，清洗零件	装配车间	清洗池、毛刷等	汽油或煤油	
2	部件装配	组装挡油环、滚动轴承与齿轮轴组件	装配车间	钳工工作台、铜棒、锤子、钢丝钳、专用压套等	润滑油、润滑脂	
3	部件装配	组装键、齿轮、定位套、滚动轴承与从动轴组件	装配车间	钳工工作台、铜棒、锤子、钢丝钳、专用压套等	润滑油、润滑脂	
4	总装配		装配车间	钳工工作台、呆扳手、锤子、旋具等		
5	检验	检验、试车	装配车间	红丹粉、杠杆百分表等		

图 5-12　填写数据行

四、修改表格外框线的线宽

1. 打开"表格单元"对话框

单击表格的某一条框线，选择表格。单击左上侧空白方框（见图 5-13），使整个表格的边框处于可编辑状态，同时系统弹出"表格单元"对话框。

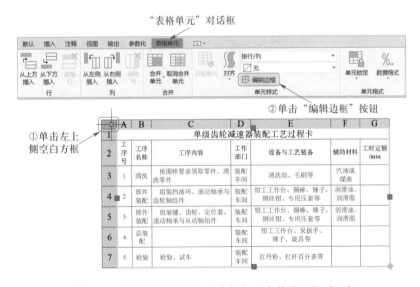

图 5-13　处于被编辑状态的表格与"表格单元"对话框

2. 打开"单元边框特性"对话框

（1）单击"编辑边框"按钮 ⊞（见图 5-13），打开"单元边框特性"对话框，如图 5-14 所示。

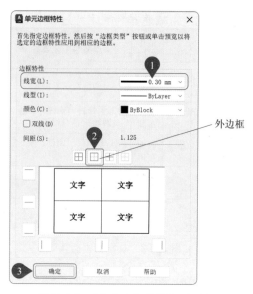

图 5-14 "单元边框特性"对话框

（2）将线宽设置为 0.30 mm，边框样式选择"外边框"，单击"确定"按钮（见图 5-14）。修改外边框后的表格如图 5-15 所示，至此，单级齿轮减速器装配工艺过程卡绘制完毕。

单级齿轮减速器装配工艺过程卡						
工序号	工序名称	工序内容	工作部门	设备与工艺装备	辅助材料	工时定额/min
1	清洗	按图样要求领取零件，清洗零件	装配车间	清洗池、毛刷等	汽油或煤油	
2	部件装配	组装挡油环、滚动轴承与齿轮轴组件	装配车间	钳工工作台、铜棒、锤子、钢丝钳、专用压套等	润滑油、润滑脂	
3	部件装配	组装键、齿轮、定位套、滚动轴承与从动轴组件	装配车间	钳工工作台、铜棒、锤子、钢丝钳、专用压套等	润滑油、润滑脂	
4	总装配		装配车间	钳工工作台、呆扳手、锤子、旋具等		
5	检验	检验、试车	装配车间	红丹粉、杠杆百分表等		

图 5-15 修改边框线宽

任务二　绘制标题栏

学习目标

1. 掌握创建表格样式的方法。
2. 能合并单元格和调整文字宽度比例。
3. 培养绘制表格的能力。

任务描述

用创建表格的方式绘制图 5-16 所示的标题栏。

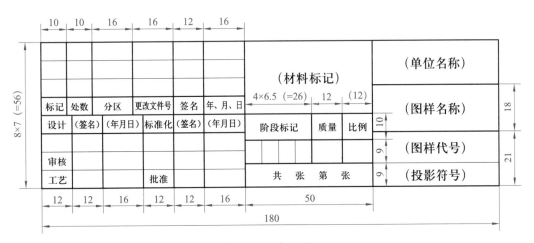

图 5-16　标题栏

任务实施

一、分析标题栏的格式

如果把标题栏作为一个表格绘制，会非常麻烦。如果把表格分解成更改区、签字区、其他区和名称及代号区 4 个区域（见图 5-17），分别绘制 4 个表格，然后将表格组合在一起，则

更改区	其他区	名称及代号区
签字区		

图 5-17　标题栏的 4 个区域

非常简单。

二、创建表格样式

更改区与签字区的表格样式相同，可以采用一种表格样式。其他两个区域的表格样式虽然与更改区不同，但是也可以采用一种表格样式，在创建表格后再根据其结构进行修改。创建表格样式可以提高表格的绘制效率。

1. 单击"默认"→"注释"→"表格样式"按钮▦（见图 5-18），打开"表格样式"对话框，如图 5-19 所示。

2. 单击"新建（N）..."按钮，打开"创建新的表格样式"对话框，在"新样式名（N）"文本框中输入"标题栏"，如图 5-20 所示。

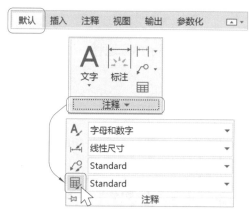

图 5-18 "表格样式"按钮的位置

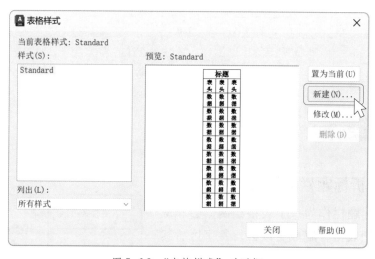

图 5-19 "表格样式"对话框

图 5-20　"创建新的表格样式"对话框

3. 单击"继续"按钮，打开"新建表格样式：标题栏"对话框，如图 5-21 所示。

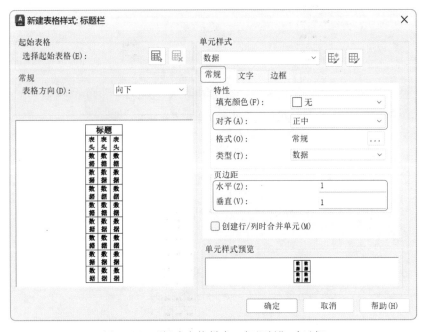

图 5-21　"新建表格样式：标题栏"对话框

4. 在"常规"选项卡中，设置"对齐（A）"为"正中"，将"页边距"的"水平（Z）"和"垂直（V）"的距离设置为"1"，如图 5-21 所示。

5. 在"文字"选项卡中，"文字样式（S）"选择"汉字"，将"文字高度（T）"设置为"2.5"，如图 5-22 所示。

6. 设置完毕，单击"确定"按钮，返回"表格样式"对话框。此时"样式（S）"栏中添加了"标题栏"表格样式，且被置为当前表格样式，如图 5-23 所示。

7. 单击"关闭"按钮，完成表格样式的创建。

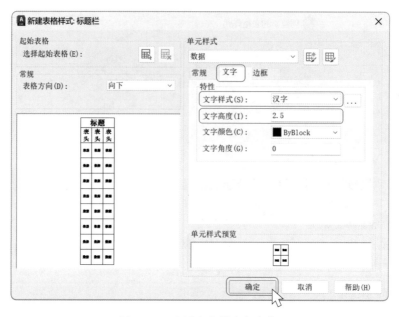

图 5-22　设置文字样式和高度

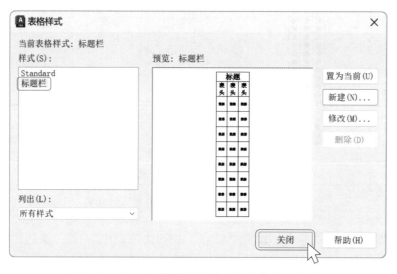

图 5-23　添加了"标题栏"的"表格样式"对话框

三、绘制更改区

1. 设置当前图层

将"粗实线"图层设置为当前图层。

2. 设置更改区表格的行、列参数

单击"默认"→"注释"→"表格"按钮⊞，打开"插入表格"对话框。将当前表格样式设置为"标题栏"。将"列数"设置为"6"，列宽设置为"16"（更改区中该

尺寸的列最多），将数据行数设置"2"，"第一行单元样式"和"第二行单元样式"选择"数据"，如图 5-24 所示。

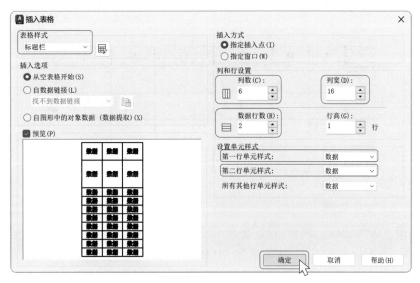

图 5-24　设置更改区表格的行、列参数

3. 插入表格

单击"确定"按钮，在绘图区插入表格，如图 5-25 所示。

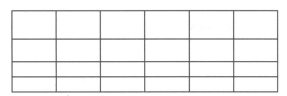

图 5-25　插入表格

4. 编辑表格样式

（1）编辑表格的行高与列宽

按照图 5-16 所示尺寸编辑表格的行高与列宽，如图 5-26 所示。

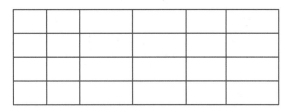

图 5-26　编辑表格的行高与列宽

（2）修改表格内部的两条水平边框线

1）选择表格上侧的 1、2、3 行，单击左上侧的空白方框（见图 5-27），使表格上侧三行的边框处于可编辑状态，同时系统弹出"表格单元"对话框。

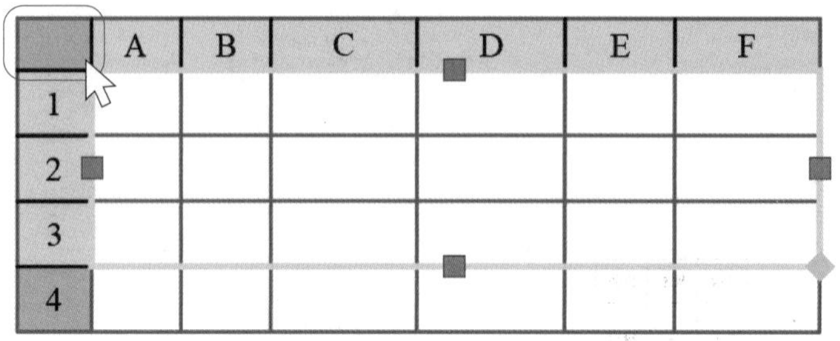

图 5-27　选择要修改边线的行

2）单击"编辑边框"按钮 ⊞，弹出"单元边框特性"对话框（见图 5-28）。单击"线宽（L）"的下拉按钮，选择线宽为"0.15 mm"；单击"内部水平边框"按钮 ⚊，将表格 1、2、3 行内部的水平边框线的线宽设置为"0.15 mm"。

3）单击"确定"按钮完成设置，编辑结果如图 5-29 所示。

签字区的表格与更改区的类似，可复制一份图 5-29 所示表格供绘制签字区表格使用。

图 5-28　"单元边框特性"对话框

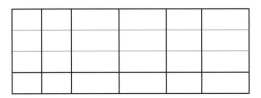

图 5-29　表格内部水平边框线的修改结果

（3）输入更改区文字

双击需要输入文字的单元格，输入文字，如图 5-30 所示。在该表中"更改文件号"和"年、月、日"占据了两行，不符合要求，需调整文字宽度。

标记	处数	分区	更改文件号	签名	年、月、日

图 5-30　输入更改区文字

（4）调整文字宽度

在"文字编辑器"对话框中，有一个调整文字宽度的文本框"宽度因子"，用户可以输入宽度与高度的比例，以调整文字宽度。具体编辑方法如下：

1）双击文字"更改文件号"使文字处于可编辑状态，同时打开"文字编辑器"对话框。

2）单击"文字编辑器"→"格式"的下拉按钮 ▼，展开"格式"面板，如图 5-31 所示。

3）选择该单元格的所有文字，在"文字编辑器"对话框中，将"宽度因子"修改为 0.8（见图 5-31）。修改后的文字字体宽度按 0.8 倍的比例缩小，如图 5-32 所示。

4）用同样的方法调整"年、月、日"的宽度，如图 5-32 所示。

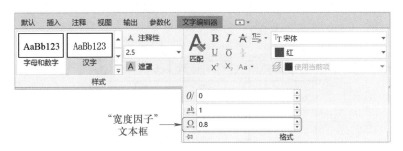

图 5-31　修改"宽度因子"

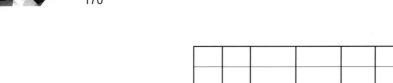

标记	处数	分区	更改文件号	签名	年、月、日

图 5-32 调整文字宽度后的结果

5）由于在输入文字时出现过两行文字，单元高度发生了变化，所以需要重新调整单元高度。在"特性"选项板中，调整最下面一行的单元高度为"7"，调整结果如图 5-33 所示。

标记	处数	分区	更改文件号	签名	年、月、日

图 5-33 调整最下面一行的单元高度

四、绘制签字区

1. 调整表格列宽

将复制的图 5-29 所示表格按照图 5-16 所示表格调整列宽并修改线型，调整结果如图 5-34 所示。

图 5-34 调整列宽后的结果

2. 输入文字并调整文字宽度

输入签字区的文字，并修改"（签名）"的"宽度因子"为 0.8，修改"（年月日）"和"标准化"的"宽度因子"为 0.9，如图 5-35 所示。

设计	（签名）	（年月日）	标准化	（签名）	（年月日）
审核					
工艺			批准		

图 5-35 输入文字并调整文字宽度

五、绘制其他区

1. 插入表格

单击"默认"→"注释"→"表格"按钮 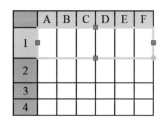，打开"插入表格"对话框。将"列数（C）"设置为"6"，将"列宽（D）"设置为"6.5"（该表格中列宽为 6.5 mm 的列最多）；将"数据行数（R）"设置为"2"；"第一行单元样式"和"第二行单元样式"选择"数据"。插入表格后的结果如图 5-36 所示。

2. 合并单元格

（1）合并第一行的单元格

1）选择第一行（最上面一行，见图 5-37），同时打开"表格单元"对话框。

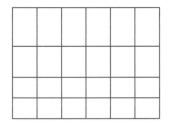

图 5-36 插入"其他区"表格

图 5-37 选择表格最上面一行

2）在"表格单元"对话框中的"合并"面板中单击"合并单元"按钮（见图 5-38），在展开的面板中单击"合并全部"或"按行合并"按钮。

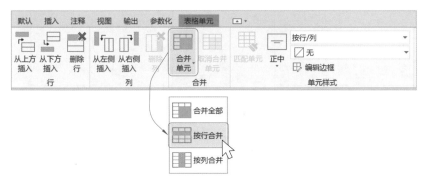

图 5-38 单击"合并全部"或"按行合并"按钮

3）在空白处单击完成第一行的合并，合并结果如图 5-39 所示。

（2）合并 A2 ~ D2 单元格

1）单击 A2 单元格，按住 Shift 键的同时单击 D2 单元格，则选中这两个单元格以及它们之间的所有单元格，如图 5-40 所示。

2）单击"表格单元"→"合并"→"合并全部"或"按行合并"按钮，合并

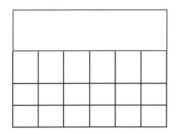

图 5-39　合并单元格

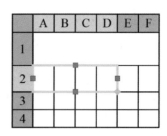

图 5-40　选中 A2 ~ D2 单元格

A2 ~ D2 单元格，如图 5-41 所示。

（3）合并最下侧一行的单元格

单击 A4 单元格，拖曳右下侧夹点选择最下侧一行，然后合并该行的单元格，如图 5-41 所示。

3. 调整行高和列宽

按照图 5-16 所示尺寸编辑表格的行高和列宽，结果如图 5-42 所示。

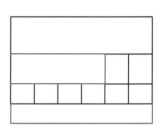

图 5-41　合并 A2 ~ D2、
A4 ~ F4 单元格

4. 调整图线宽度

图 5-42 中的红色线需要调整为细实线。选择要调整线宽的单元格，单击"表格单元"→"单元样式"→"编辑边框"按钮 ，打开"单元边框特性"对话框，设置表格内细实线的宽度为 0.15 mm。调整后的结果如图 5-43 所示。

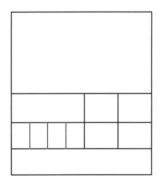

图 5-42　调整行高和列宽

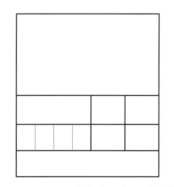

图 5-43　设置表格内细实线的宽度

5. 填写文字

填写文字，并调整"（材料标记）"的文字高度为 3.5 mm，如图 5-44 所示。

6. 绘制名称及代号区

（1）插入表格

单击"默认"→"注释"→"表格"按钮 ，打开"插入表格"对话框。将"列数（C）"设置为"1"，将"列宽（D）"设置为"50"；将"数据行数（R）"设置为"2"；"第一行单元样式"和"第二行单元样式"选择"数据"。插入表格后的结果如图5-45所示。

图5-44　填写文字

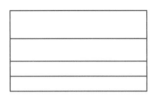

图5-45　插入名称及代号区表格

（2）调整行高及线宽

按照图5-16所示尺寸调整行高，将第三行与第四行之间的分界线宽度设置为0.15 mm，如图5-46所示。

（3）填写文字

填写文字并调整文字高度为0.35 mm，如图5-47所示。

图5-46　调整行高及线宽

图5-47　填写文字

7. 组合表格

启动"移动"命令，将前面所绘制的4个表格组合在一起，如图5-48所示。至此，标题栏绘制完毕。

用表格创建标题栏不但方法简单，而且便于填写和修改内容。

标记	处数	分区	更改文件号	签名	年、月、日	（材料标记）			（单位名称）
									（图样名词）
设计	（签名）	（年月日）	标准化	（签名）	（年月日）	阶段标记	质量	比例	
审核									（图样代号）
工艺			批准			共 张 第 张			（投影符号）

图 5-48　组合表格

任务三　标注光轴中心孔的标记

学习目标

掌握使用"引线标注"的基本方法。

任务描述

引线标注是机械图样上经常采用的标注形式，如图 5-49 所示的光轴，其中心孔就采用了引线标注。本任务主要绘制光轴的图形，标注尺寸，并用引线标注的方法标注光轴中心孔的标记。

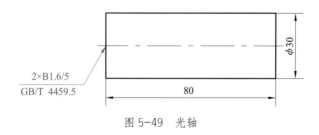

图 5-49　光轴

引线标注的组成

引线标注包括引线（由指引线和基准线组成）和注释文字，如图 5-50 所示。

图 5-50　引线标注的组成

一、绘制图形并标注尺寸

1. 打开"制图样板"，新建图形文件。

2. 绘制图形并标注尺寸，如图 5-51 所示。

二、标注中心孔的标记

1. 启动"多重引线"命令

将"细实线"图层设置为当前图层。单击"默认"→"注释"→"引线"按钮 ，
启动"多重引线"命令。

2. 绘制指引线

单击 A 点，向左下方移动光标，单击鼠标左键，如图 5-52 所示。

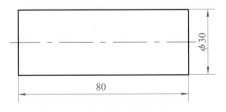

图 5-51　绘制图形并标注尺寸

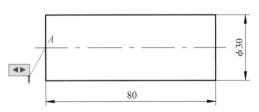

图 5-52　绘制引线

3. 设置文字高度、样式和段落格式

系统打开"文字编辑器"对话框，将文字高度设置为"5"，文字样式设置为"Times New Roman"，段落格式选择"居中"，其他采用默认设置，如图 5-53 所示。

图 5-53　设置文字高度、样式和段落格式

4. 输入文字

先输入文字"2×B1.6/5"，按回车键分段，再输入文字"GB/T 4459.5"；在空白处单击，系统自动添加基准线，如图 5-54 所示。

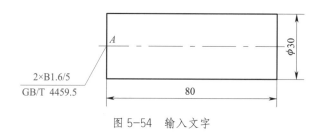

图 5-54　输入文字

5. 修改指引线的箭头

在默认状态下，多重引线的箭头非常小（长度为 0.18 mm），在屏幕上基本不显示。选择引线标注，在"特性"选项板中将"箭头大小"修改为"5"，如图 5-55 所示。至此，光轴中心孔的标记标注完成。

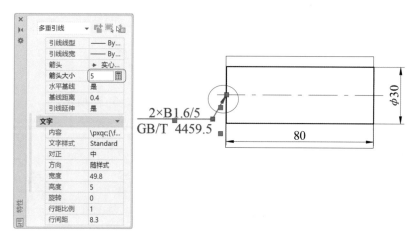

图 5-55　修改引线箭头

任务四 标注装配图的序号

学习目标

掌握设置"多重引线"标注样式的方法。

任务描述

在图 5-56a 所示的滚动轴承装配图中标注零件序号，如图 5-56b 所示。

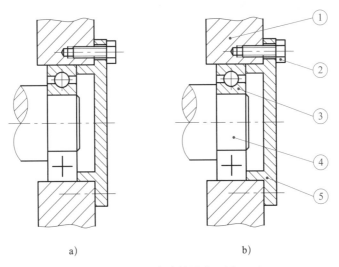

a) b)

图 5-56 滚动轴承装配图

a）源文件 b）标注零件序号

1—箱体 2—螺栓 3—深沟球轴承 4—轴 5—端盖

任务实施

一、打开源文件

选择配套资源中的"\AutoCAD 2023 基础与应用素材库\项目五素材\"文件夹，打开滚动轴承装配图源文件，如图 5-56a 所示。

二、创建"多重引线"标注样式

图 5-56b 所示引线标注的起点是圆点，零件序号注写在指引线末端的圆内，需要创建"多重引线"标注样式才能进行标注。

1. 单击"默认"→"注释"→"多重引线样式"按钮 （见图 5-57），打开"多重引线样式管理器"对话框，如图 5-58 所示。

2. 单击"新建（N）..."按钮，打开"创建新多重引线样式"对话框（见图 5-59）。在"新样式名（N）"文本框中输入样式名为"零件序号"，如图 5-59 所示。

图 5-57　"注释"展开面板中的
"多重引线样式"按钮

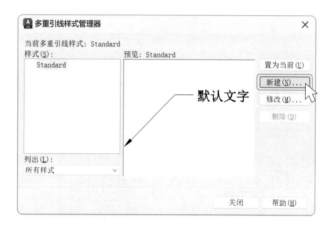

图 5-58　"多重引线样式管理器"对话框

图 5-59　"创建新多重引线样式"对话框

3. 单击"继续（O）"按钮，系统弹出"修改多重引线样式：零件序号"对话框。在该对话框中，包含"引线格式""引线结构"和"内容"三个选项卡，如图 5-60 所示。

4. 切换到"引线格式"选项卡。在"箭头"选项组中，"符号（S）"选择"点"选项，将"大小（Z）"设置为"1.5"，如图 5-60 所示。

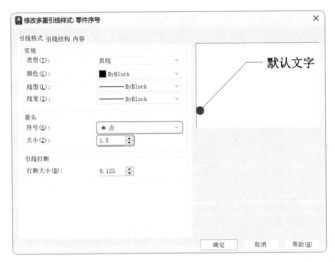

图 5-60　"修改多重引线样式：零件序号"对话框中的"引线格式"选项卡

5. 切换到"引线结构"选项卡，将"设置基线距离（D）"设置为"0"，如图 5-61 所示。

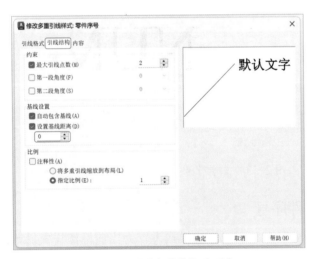

图 5-61　"引线结构"选项卡

6. 切换到"内容"选项卡，将"多重引线类型（M）"设置为"块"，"源块（S）"设置为"〇圆"，如图 5-62 所示。

7. 单击"确定"按钮，完成"零件序号"多重引线标注样式的设置，返回"多重引线样式管理器"对话框。此时，对话框上的"样式（S）"栏中会增加一个名为"零件序号"的多重引线标注样式，如图 5-63 所示。

8. 单击"关闭"按钮，完成"零件序号"多重引线标注样式的创建。

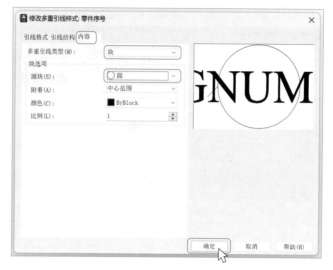

图 5-62 "内容"选项卡

图 5-63 "零件序号"多重引线标注样式创建完毕

三、标注零件序号

1. 将"零件序号"多重引线标注样式设置为当前标注样式。单击"默认"→"注释"→"引线"按钮，启动"多重引线"标注命令，系统给出以下提示：

命令：_mleader

指定引线箭头的位置或 [预输入文字 (T)/ 引线基线优先 (L)/ 内容优先 (C)/ 选项 (O)]

< 选项 >:   // 在箱体上的适当位置单击，指定引线的起点

指定引线基线的位置：   // 在绘图区适当位置单击，指定引线的终点

指定基线距离 <0.0000>:

　　// 基线距离默认为 "0"，按回车键，打开 "编辑属性" 对话框（见图 5-64）

　　2. 在 "输入标记编号" 文本框中输入 "1"，单击 "确定" 按钮，完成箱体的引线标注，如图 5-65 所示。

　　3. 用同样的方法完成其他零件的序号标注，如图 5-66 所示。

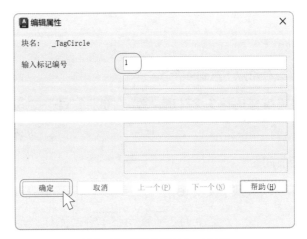

图 5-64　"编辑属性" 对话框

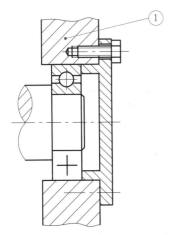

图 5-65　标注箱体的零件序号

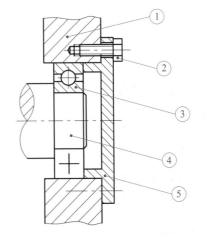

图 5-66　完成其他零件的序号标注

四、对齐零件序号

　　单击 "默认" → "注释" → "引线" 按钮右侧的下拉按钮 ▼，在展开的面板中单击 "对齐" 按钮 （见图 5-67），启动 "对齐" 命令，系统给出以下提示：

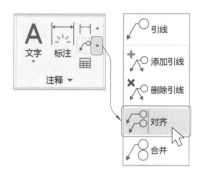

图 5-67 单击"对齐"按钮

命令：_mleaderalign

选择多重引线：指定对角点：找到 4 个

　　　　　　　　　　// 窗交选择多重引线"②""③""④""⑤"（见图 5-68）

选择多重引线：　　　　　　　　　　　　　　　　// 按回车键结束选择

当前模式：使用当前间距

选择要对齐到的多重引线或 [选项 (O)]：　　　　// 选择多重引线"①"

指定方向：　　// 竖直向下（或向上）移动光标，单击（见图 5-69）

对齐零件序号的结果如图 5-56b 所示。

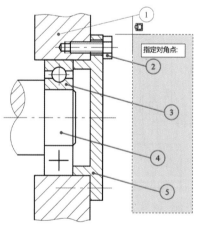

图 5-68 窗交选择多重引线
"②""③""④""⑤"

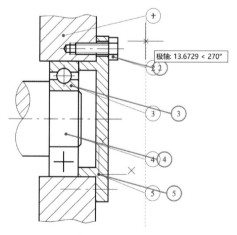

图 5-69 选择要对齐到的多重引线"①"

小贴士

常用多重引线编辑命令

常用多重引线编辑命令见表 5-1。

表 5-1 常用多重引线编辑命令

序号	命令	按钮	功能
1	添加引线	⚹	将引线添加至现有的多重引线对象
2	删除引线	⚹	将引线从现有的多重引线对象中删除
3	对齐	⚹	对齐并间隔排列选定的多重引线对象
4	合并	⚹	将包含块的选定多重引线组织、整理到行或列中，并通过单引线显示结果

任务五　标注几何公差

学习目标

掌握几何公差和基准的标注方法。

任务描述

在图 5-70a 所示图样上标注几何公差和基准，如图 5-70b 所示。

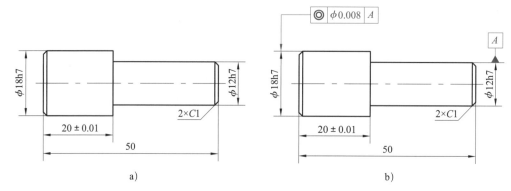

图 5-70 定位销

a）未标注几何公差和基准　b）标注几何公差和基准后

一、打开源文件

选择配套资源中的"\AutoCAD 2023 基础与应用素材库\项目五素材\"文件夹，打开定位销源文件，如图 5-70a 所示。

二、标注同轴度公差

在 AutoCAD 2023 中，可以使用"快速引线"命令标注几何公差。

1. 将"细实线"图层设置为当前图层。

2. 在命令行中输入"LE（或 QLEADER）"后按回车键，启动"快速引线"命令。

3. 在命令行中出现提示"指定第一个引线点或［设置（S）]＜设置＞:"，输入"S"后按回车键。

4. 系统弹出"引线设置"对话框，选择"注释"选项卡中的"公差（T）"选项（见图 5-71），单击"确定"按钮。

5. 捕捉"φ18h7"的尺寸线与上侧尺寸界线的交点（见图 5-70b），单击；向上移动光标到适当位置，单击；向右移动光标到适当位置，单击。系统弹出"形位公差"对话框，如图 5-72 所示。

图 5-71　"引线设置"对话框

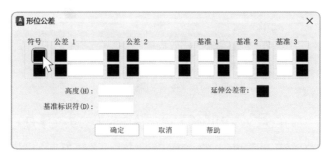

图 5-72　"形位公差"对话框

小贴士

　　"几何公差"在 GB/T 1182—1996 及之前的国家标准中被称为"形状和位置公差","形位公差"是形状和位置公差的简称。在 GB/T 1182—2008 中,才开始将"形状和位置公差"改为"几何公差"。

　　6. 单击"符号"栏第一行的小黑框■,系统弹出"特征符号"对话框,如图 5-73 所示。单击同轴度公差符号,返回"形位公差"对话框,在该对话框"符号"栏的第一行添加了同轴度的符号◎,如图 5-74 所示。

图 5-73　"特征符号"对话框

小贴士

　　AutoCAD 自带的几何公差框格在许多情况下并不符合我国机械制图的相关规定,比如几何公差的图形符号,字母的斜体形式等都与我国的标准有所不同。要想得到符合国家标准的几何公差框格，可按照国家标准《技术制图　几何公差符号的比例和尺寸》（GB/T 39645—2020）自行绘制。

7. 单击"公差 1"栏第一行的小黑框 ■，系统会自动为公差值加上前缀"φ"（见图 5-74）。在该行的文本框中输入同轴度公差值"0.008"。

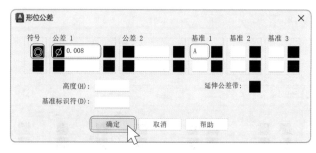

图 5-74　设置同轴度公差

8. 在"基准"栏的白色文本框中输入表示基准的大写英文字母"A"（见图 5-74）。

9. 单击"形位公差"对话框上的"确定"按钮，系统返回绘图区，完成几何公差的标注，如图 5-75 所示。

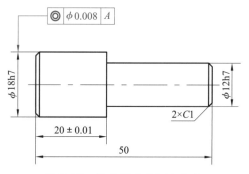

图 5-75　同轴度公差标注完成

小贴士

引线和几何公差的样式与当前尺寸标注的样式一致，如果需要改变引线箭头的大小、几何公差框格及其中的符号和文字的大小，可在"特性"选项板中进行修改。

三、标注基准符号

"基准符号"可以使用"多重引线"命令进行标注。

1. 创建引线标注样式

启动"多重引线样式"命令，创建"基准符号"多重引线标注样式，具体设置如下。

（1）在"引线格式"选项卡中，将"符号（S）"设置为"实心基准三角形"，"大小（Z）"设置为"2"，如图 5-76 所示。

（2）在"引线结构"选项卡中，勾选"设置基线距离（D）"，在其文本框中将数值改为"0"，如图 5-77 所示。

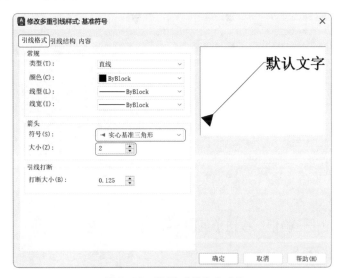

图 5-76 设置"引线格式"

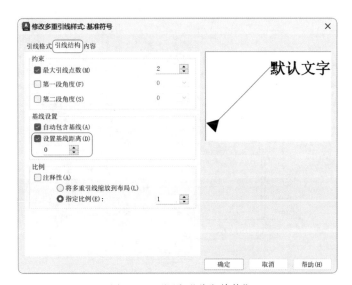

图 5-77 设置"引线结构"

（3）在"内容"选项卡中，将"文字样式（S）"设置为"字母和数字"，将"文字高度（T）"设置为"2"；勾选"文字边框（F）"复选框；点选"垂直连接（V）"，"连接位置－上（T）"和"连接位置－下（B）"都选择"居中"，将"基线间隙（G）"设置为"1"（文字高度的一半），如图 5-78 所示。

图 5-78　设置"内容"

设置完毕，单击"确定"按钮（见图 5-78）。

2. 绘制基准符号

（1）单击"默认"→"注释"→"引线"按钮 $\nearrow$ ，启动"多重引线"命令。

（2）捕捉"$\phi 12h7$"的尺寸线与上侧尺寸界线的交点，单击；向上移动光标到适当位置，单击。

（3）系统打开文本输入窗口，同时打开"文字编辑器"对话框。输入字母"A"，并将其修改为斜体，如图 5-79 所示。

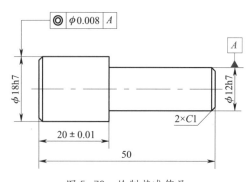

图 5-79　绘制基准符号

项目六
块与组

在使用 AutoCAD 2023 绘制图样的过程中，经常会发现一个图形中含有很多重复的对象。例如，在一张机械图样中可能会包含许多相同的符号（如表面结构符号、基准符号等）或图形（如螺栓、螺母、垫圈等的图形），在一张电子电路图或网络布线图中可能会包含很多相同的图形符号。对于这些重复的单元体，即使采用复制命令也会比较麻烦。AutoCAD 2023 提供了"块"和"组"操作功能，可以将多个对象（图形、文字等）组合起来，方便绘制重复的单元体。

任务一　绘制螺钉连接图

1. 掌握块的创建、插入和分解方法。
2. 掌握组的创建和解除方法。

图 6-1 所示的螺钉连接图中有许多重复的要素，如内六角螺钉、沉孔等。利用

"块"的相关命令可以非常方便地将图形中重复的要素创建成块，在绘图时将其插入图形中，即可避免重复绘制图形，提高工作效率。下面绘制该螺钉连接图，在绘图过程中，需要创建"内六角螺钉"图块和"沉孔"图块。

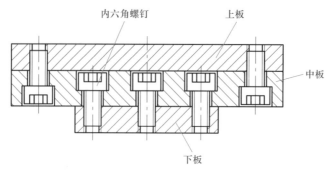

图 6-1　螺钉连接图

一、图形分析

图 6-1 所示形体由上板、中板、下板和 5 个内六角螺钉组成，在中板上有 5 个形状和大小都相同的沉孔。绘图时，可将重复的结构（内六角螺钉、沉孔）创建成块，然后将块插入图形中。

二、新建图形文件

新建一个图形文件，图形样板选择"制图样板 .dwt"。

三、绘制内六角螺钉，并创建图块

1. 绘制内六角螺钉

按照图 6-2 所示图形的形状及尺寸绘制内六角螺钉。

2. 创建"内六角螺钉"块

（1）单击"默认"→"块"→"创建块"按钮 🔲（见图 6-3），打开"块定义"对话框（见图 6-4）。

（2）在"名称（N）"文本框中输入块的名称"内六角螺钉"。

（3）单击"拾取点（K）"按钮 🔳（见图 6-4），返回绘图区，拾取 A 点作为块的插入基点（见图 6-5），系统返回"块定义"对话框。

（4）单击"块定义"对话框上的"选择对象（T）"按钮 🔳（见图 6-4），选择整个内六角螺钉的图形作为插入对象。

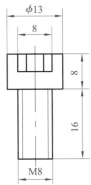

图 6-2 内六角螺钉的形状及尺寸

图 6-3 单击"块"面板中的"创建块"按钮

图 6-4 "块定义"对话框

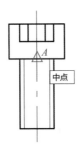

图 6-5 选择块的插入基点

（5）按回车键，返回"块定义"对话框。单击"确定"按钮，完成块的创建，返回绘图区。

四、绘制上板，并创建组

1. 启动"直线"命令，按照图 6-6a 所示图形的形状及尺寸绘制上板（不绘制剖面线），图形被选择后的呈现结果如图 6-6b 所示。

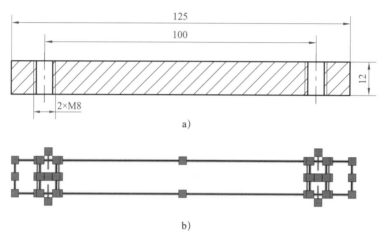

a)

b)

图 6-6　上板

a）形状及尺寸　b）图形被选择后的呈现结果

2. 单击"默认"→"组"→"组"按钮 ![icon]（见图 6-7）。

图 6-7　单击"组"面板中的"组"按钮

3. 选择上板，按回车键，上板被创建为一个对象组。再次选择"上板"时，只在其几何中心呈现一个夹点，如图 6-8 所示。

图 6-8　选择创建的上板组

五、绘制下板，并创建组

按照图 6-9a 所示图形的形状及尺寸绘制下板（不绘制剖面线）并将其创建为组，如图 6-9b 所示。

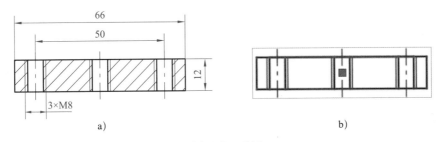

图 6-9　下板

a）形状及尺寸　b）选择创建的下板组

六、绘制中板

中板的形状及尺寸如图 6-10 所示。

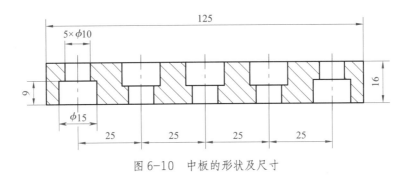

图 6-10　中板的形状及尺寸

1. 启动"矩形"命令，绘制长为 125 mm、宽为 16 mm 的矩形，如图 6-11 所示。

图 6-11　绘制矩形

2. 绘制中间的沉孔，并将其创建为组，如图 6-12 所示。

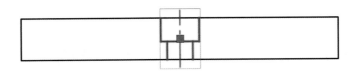

图 6-12　绘制沉孔并将其创建为组

3. 可采用复制命令绘制右侧沉孔。单击"默认"→"修改"→"复制"按钮，
启动"复制"命令，系统给出以下提示：

命令:_copy

选择对象:指定对角点:找到 6 个，1 个编组　　　　　　　　　// 选择沉孔

选择对象:　　　　　　　　　　　　　　　　　　// 按回车键结束选择

当前设置:复制模式 = 多个

指定基点或 [位移 (D)/ 模式 (O)] < 位移 >:　　// 拾取中板下侧中点 *A*（见图 6-13）

指定第二个点或 [阵列 (A)] < 使用第一个点作为位移 >: 25

　　　　　　　　　　　　// 水平向右移动光标，输入"25"，按回车键

指定第二个点或 [阵列 (A)/ 退出 (E)/ 放弃 (U)] < 退出 >: 50

　　　　　　　　　　　　// 水平向右移动光标，输入"50"，按回车键

指定第二个点或 [阵列 (A)/ 退出 (E)/ 放弃 (U)] < 退出 >:

　　　　　　　　　　　　　　　// 按回车键结束"复制"命令

右侧两个沉孔的绘制结果如图 6-13 所示。

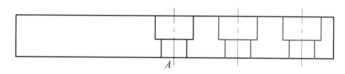

图 6-13　右侧两个沉孔的绘制结果

4. 单击"默认"→"修改"→"镜像"按钮 ⚠️，启动"镜像"命令，系统给出以下提示:

命令:_mirror

选择对象:找到 6 个，1 个编组　　　　　　　　　　// 选择最右侧沉孔

选择对象:指定镜像线的第一点:　　　　　　　// 单击中板右侧边线的中点

指定镜像线的第二点:　　　　　　　　　　　　// 水平移动光标，单击

要删除源对象吗? [是 (Y)/ 否 (N)] < 否 >: Y

　　　　　　　　　　// 输入"Y"，按回车键，删除源对象

最右侧沉孔垂直翻转的结果如图 6-14 所示。

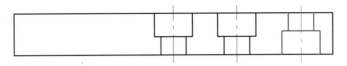

图 6-14 最右侧沉孔垂直翻转的结果

5. 利用"镜像"命令绘制左侧沉孔,如图 6-15 所示。

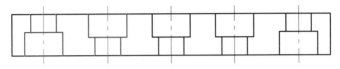

图 6-15 镜像出左侧沉孔

七、绘制装配图

1. 初步调整上板、中板和下板的位置

将上板、中板和下板移动到屏幕的适当位置,如图 6-16 所示。

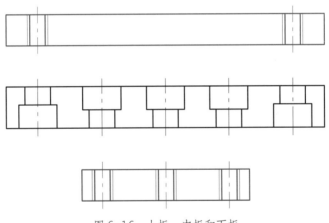

图 6-16 上板、中板和下板

2. 组合上板、中板和下板

(1)移动上板

在命令行输入"M",按回车键,启动"移动"命令,系统给出以下提示:

命令 : M

MOVE

选择对象：指定对角点：找到 11 个，1 个编组   // 选择上板

选择对象：   // 按回车键结束选择

指定基点或 [位移 (D)] < 位移 >:   // 拾取上板下侧轮廓线的中点

指定第二个点或 < 使用第一个点作为位移 >:   // 拾取中板上侧轮廓线的中点

移动上板的结果如图 6-17 所示。

（2）移动下板

用同样的方法移动下板，如图 6-17 所示。

（3）解除编组

为方便后期整理图形，可以将编组的对象解除编组。单击"默认"→"组"→"解除编组"按钮 ❖（见图 6-18），选择编组的对象，即可解除编组。

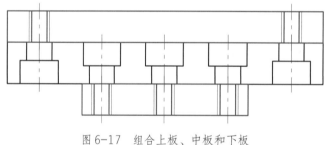

图 6-17　组合上板、中板和下板　　　　图 6-18　启动"解除编组"命令

3. 插入连接"下板"与"中板"的内六角螺钉

（1）单击"默认"→"块"→"插入"按钮，打开"插入"下拉列表，单击"内六角螺钉"块（见图 6-19）。此时，在屏幕上出现一个随光标移动的"内六角螺钉"块，如图 6-20 所示。

（2）捕捉"中板"中间沉孔台阶的中点（见图 6-21），单击，完成插入。

（3）用同样的方法插入连接"下板"与"中板"的其他两个"内六角螺钉"，如图 6-22 所示。

4. 插入连接上板与中板的"内六角螺钉"

（1）插入左侧"内六角螺钉"

单击"默认"→"块"→"插入"按钮，打开"插入"下拉列表，单击"内六角螺钉"块。此时随光标移动的"内六角螺钉"螺钉头在上，螺杆在下（见图 6-20）。此时，命令行提示如下：

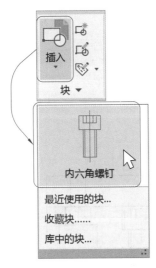

图 6-19　选择"内六角螺钉"块

图 6-20　屏幕上随光标移动的
　　　　　"内六角螺钉"块

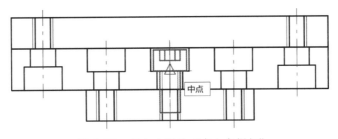

图 6-21　插入中间的"内六角螺钉"

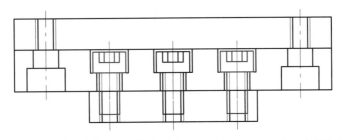

图 6-22　插入连接"下板"与"中板"的其他两个"内六角螺钉"

指定插入点或 [基点 (B)/ 比例 (S)/X/Y/Z/ 旋转 (R)/ 分解 (E)/ 重复 (RE)]: R

　　　　　　　　　　　　　　　// 输入"R"，按回车键，选择"旋转"选项

指定旋转角度 <0>: 180　　　　　　　　　　　// 输入"180"，按回车键

　　　　　　　　　// 将"内六角螺钉"逆时针旋转180°（见图 6-23）

指定插入点或 [基点 (B)/ 比例 (S)/X/Y/Z/ 旋转 (R)/ 分解 (E)/ 重复 (RE)]:

　　　// 捕捉"中板"左侧沉孔台阶的中点（见图 6-24），单击，完成块的插入

图 6-23　将"内六角螺钉"逆时针旋转 180°

左侧"内六角螺钉"的插入结果如图 6-24 所示。

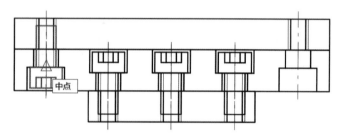

图 6-24　左侧"内六角螺钉"的插入结果

（2）插入右侧"内六角螺钉"

用同样的方法插入右侧"内六角螺钉"，如图 6-25 所示；也可以用"复制"或"镜像"命令进行绘制。

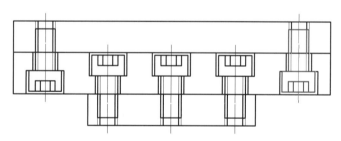

图 6-25　右侧"内六角螺钉"的插入结果

5. 整理装配图

（1）修剪轮廓线，整理螺纹的牙顶线、牙底线和对称中心线，使图形符合机械制图国家标准的规定，如图 6-26 所示。

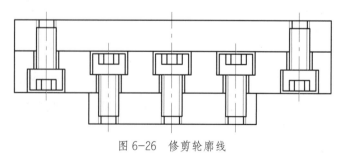

图 6-26　修剪轮廓线

（2）填充剖面线，完成绘图，如图 6-27 所示。

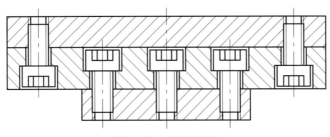

图 6-27 填充剖面线

小贴士

分 解 块

当创建块后，AutoCAD 系统会将块作为单个对象进行处理，只能对整个块进行编辑。如果需要编辑块中的某个对象时，需要利用"分解"命令将插入图形中的块分解。

任务二 标注表面结构符号

掌握块属性的创建和修改方法。

在制图过程中，经常遇到图形中的一些重复单元虽具有相同的形状，但其表达的含义不尽相同。为加以区别，需要在重复单元上标注文字信息以表达该单元的特殊属性。例如，机械图样标注中表面结构符号上注释的表面粗糙度参数值、基准符号中标

注的基准字母等。

对于这些带有文字信息的重复单元，AutoCAD 提供了相应的简便创建命令，即块属性创建和修改命令。本任务将结合图 6-28 上表面结构符号的标注来介绍块属性的创建和修改方法。

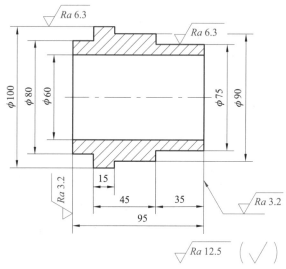

图 6-28　空心阶梯轴

一、打开源文件

选择配套资源中的"\AutoCAD 2023 基础与应用素材库\项目六素材\"文件夹，打开空心阶梯轴源文件，如图 6-29 所示。

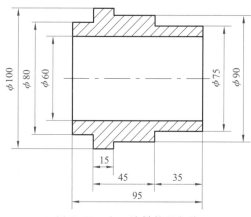

图 6-29　空心阶梯轴源文件

二、创建"*Ra* 6.3"块

1. 绘制表面结构符号

将"细实线"设置为当前图层，根据图 6-30 所示尺寸绘制表面结构图形符号。

2. 添加表面粗糙度参数"*Ra* 6.3"

在表面结构符号中，一般应添加表面粗糙度参数，如"*Ra* 6.3""*Ra* 3.2"等。下面在表面结构图形符号中添加表面粗糙度参数"*Ra* 6.3"。

（1）单击"默认"→"块"→"定义属性"按钮 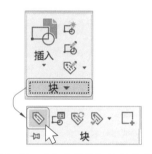（见图 6-31），弹出"属性定义"对话框，如图 6-32 所示。

（2）在"属性"选项组中，在"标记（T）"文本框中输入"FH"，"提示（M）"文本框中输入"符号"，"默认（L）"文本框中输入"Ra"。在"文字设置"选项组中，设置文字

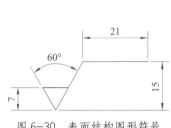

图 6-30 表面结构图形符号

图 6-31 "定义属性"按钮的位置

图 6-32 "属性定义"对话框与"FH"属性标记的设置

的对正方式为"左对齐",文字样式为"字母或数字",文字高度为"5",如图 6-32 所示。

（3）单击"属性定义"对话框上的"确定"按钮,返回绘图区,并移动光标到适当位置（见图 6-33）,单击鼠标左键插入"FH"属性标记。

（4）重启"定义属性"命令,打开"属性定义"对话框。在"属性"选项组中,在"标记（T）"文本框中输入"CS","提示（M）"文本框中输入"参数","默认（L）"文本框中输入"6.3",其他参数与"FH"的设置相同,如图 6-34 所示。单击"确定"按钮,返回绘图区,将"CS"属性标记插入"FH"右侧适当位置,如图 6-35 所示。

图 6-33　插入"FH"属性标记

图 6-34　"CS"属性标记的设置

3. 创建"*Ra* 6.3"块

（1）单击"默认"→"块"→"创建块"按钮 ,打开"块定义"对话框（见图 6-36）,在"名称（N）"文本框中输入"Ra 6.3"。

图 6-35　插入"CS"属性标记

（2）单击"块定义"对话框上的"拾取点（K）"按钮 （见图 6-36）,返回绘图区,捕捉三角形下侧端点（见图 6-37）作为块的插入基点。

（3）单击"块定义"对话框上的"选择对象（T）"按钮 （见图 6-36）,选择表面结构图形符号及属性标记（见图 6-38）,按回车键返回"块定义"对话框。

图 6-36　创建"*Ra* 6.3"块

图 6-37　拾取块的插入基点

图 6-38　选择表面结构图形符号及属性标记

（4）单击"块定义"对话框上的"确定"按钮，完成块的定义。同时弹出"编辑属性"对话框，如图 6-39 所示。在"参数"文本框中显示"6.3"，在"符号"文本框中显示"Ra"。单击"确定"按钮，关闭"编辑属性"对话框。

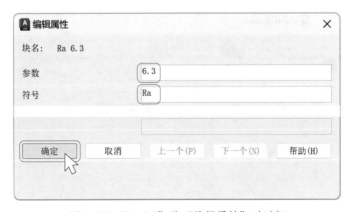

图 6-39　"*Ra* 6.3"的"编辑属性"对话框

三、标注表面结构符号

1. 标注 $\phi 100$ mm 外圆柱面的表面结构符号

（1）单击"默认"→"块"→"插入"按钮 ⬚，选择要插入的"$Ra\ 6.3$"块，捕捉要插入的位置（见图6-40），单击。系统又弹出"编辑属性"对话框（见图6-39）。如需要改变为其他数值或符号时，可以在文本框中重新输入，如不需要修改，可单击"确定"按钮，完成图块的插入。此时的符号"Ra"为正体，需要将其修改为斜体。

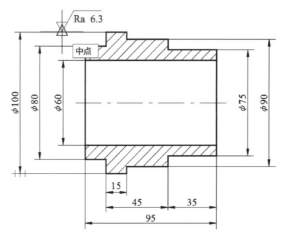

图6-40　捕捉"$Ra\ 6.3$"块的插入点

（2）"默认"功能区"块"面板中的"单个"命令可用于编辑块的属性。单击"默认"→"块"→"单个"按钮 ⬚，启动"单个"命令。单击"$Ra\ 6.3$"块，打开"增强属性编辑器"对话框，如图6-41所示。在"属性"选项卡中，选择"FH"行，单击"文字选项"按钮，切换到"文字选项"选项卡，设置其倾斜角度为"15"（见图6-42），单击"确定"按钮。修改结果如图6-43所示，此时，表面结构符号中的"Ra"变为斜体。

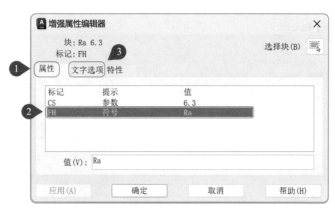

图6-41　"增强属性编辑器"对话框

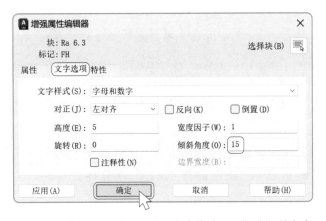

图 6-42 在"文字选项"选项卡中修改"Ra"的倾斜角度

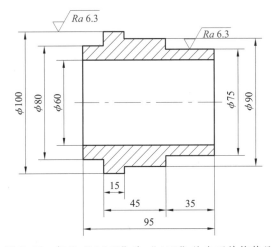

图 6-43 标注"ϕ100"和"ϕ75"的表面结构符号

2. 标注 ϕ75 mm 外圆柱面的表面结构符号

"ϕ75"外圆柱面的表面结构符号与"ϕ100"外圆柱面的表面结构符号相同，可用"复制"命令标注，如图 6-43 所示。

3. 标注零件左端面的表面结构符号

（1）单击"默认"→"块"→"插入"按钮 ，选择"Ra 6.3"块，命令行给出以下提示：

指定插入点或 [基点 (B)/ 比例 (S)/X/Y/Z/ 旋转 (R)/ 分解 (E)/ 重复 (RE)]: R

// 输入"R"，按回车键，选择"旋转"选项

指定旋转角度 <0>: 90   // 输入"90"，按回车键

//将表面结构符号逆时针旋转90°（见图6-44）

指定插入点或 [基点 (B)/ 比例 (S)/X/Y/Z/ 旋转 (R)/ 分解 (E)/ 重复 (RE)]:

//捕捉尺寸"95"左侧尺寸界线上的一点，单击

（2）系统弹出"编辑属性"对话框，将"参数"修改为"3.2"，单击"确定"按钮。标注结果如图6-44所示，此时的符号"Ra"为正体。

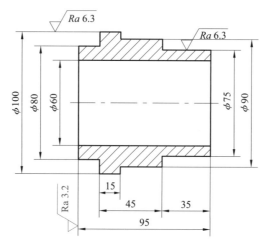

图6-44 标注零件左端面的表面结构符号

（3）单击"默认"→"块"→"单个"按钮 ，然后单击要修改属性的块（左下侧的表面结构符号），打开"增强属性编辑器"对话框，将"Ra"的倾斜角度修改为"15"，修改后的结果如图6-45所示。

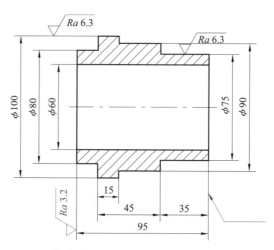

图6-45 修改左端面的表面结构符号与绘制右侧引线

4. 标注零件右端面的表面结构符号

（1）绘制引线

零件右端面的表面结构符号采用的是引线标注的方法，可利用"快速引线"命令在零件右端轮廓线或其延长线上绘制一条引线。

1）在命令行输入"LE（或 QLEADER）"后按回车键，启动"快速引线"命令。

2）捕捉"95"尺寸右侧尺寸界线上的适当点，单击。

3）向右下方移动光标，单击，绘制引线。

4）水平向右移动光标到适当位置，单击，绘制基线。

5）按 Esc 键退出命令。绘制结果如图 6-45 所示。

（2）插入表面结构符号

零件右端面的表面结构符号与左端面相同，但方向不同。可以用"复制"和"旋转"命令完成该表面结构符号的标注。首先用"复制"命令将零件左端面的表面结构符号复制到水平引线上，然后用"旋转"命令将表面结构符号顺时针旋转 90°，完成该表面结构符号的标注，如图 6-46 所示。

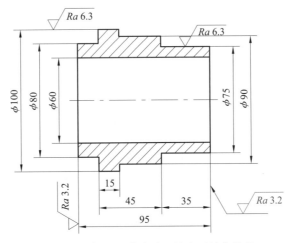

图 6-46　标注零件右端面的表面结构符号

5. 绘制其余表面的表面结构符号

该零件图上，除上述所标注的表面结构符号外，其余各表面的表面结构符号集中标注在图形的右下方。该符号由两部分组成，如图 6-47 所示。

（1）根据图 6-48 所示尺寸绘制一个表面结构图形符号。可以先复制一个图样上的表面结构符号，然后利用"分解"命令分解块，再按照图 6-48 所示尺寸修改上侧横线的长度。

图 6-47　其余表面的表面结构符号

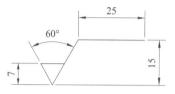

图 6-48　表面结构图形符号

（2）插入参数"*Ra* 12.5"，注意将"*Ra*"设置为斜体，如图 6-49 所示。

（3）绘制两段适当半径（如 *R*15 mm）的圆弧，如图 6-50 所示。

（4）绘制两段圆弧之间的表面结构基本符号"√"，绘制结果如图 6-51 右下侧符号所示。

图 6-49　插入表面粗糙度参数的符号及数值

图 6-50　绘制两段圆弧

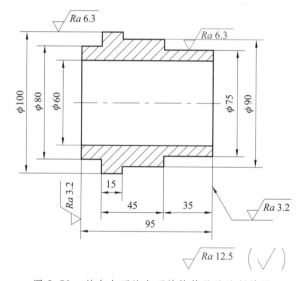

图 6-51　其余表面的表面结构符号的绘制结果

四、检查整理图形

检查图形时发现尺寸"$\phi 90$"的上侧尺寸界线与表面结构符号相交（见图 6-51）。

1. 选择尺寸"$\phi 90$"，将上侧尺寸界线的起点向右拖动到适当位置，避免尺寸界线与表面结构符号相交。

2. 绘制一条直线，补齐左侧缺少的尺寸界线，如图 6-52 所示。

3. 调整尺寸和表面结构符号的位置，使之正确、清晰。

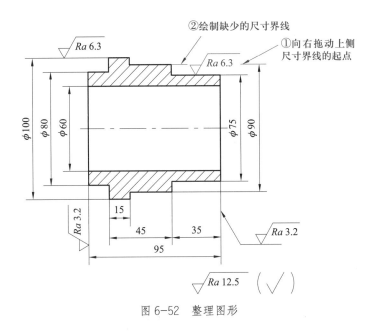

图 6-52 整理图形

任务三 绘制模拟蝉鸣电子电路原理图

掌握"写块"命令的使用方法。

前面所述方法创建的块存储于图形文件内部,俗称内部块,只能插入到所存储文件中,而不能插入到 dwg 格式的其他图形文件中。电气简图用图形符号在绘制电路图时使用非常频繁,创建外部块能显著提高绘图效率。外部块不依赖于当前图形,可以插入到任意 dwg 格式的图形文件中。使用"写块"命令可以创建外部块。下面以绘制图 6-53 所示模拟蝉鸣电子电路原理图为例介绍"写块"命令的使用方法。

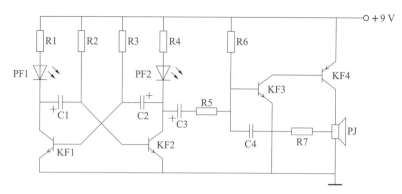

图 6-53　模拟蝉鸣电子电路原理图

一、图形分析

图 6-53 中电子元件的图形符号有电阻器、电容器、极性电容器、PNP 型三极管、NPN 型三极管、发光二极管、扬声器、功能等电位联结和端子，这些图形符号在电工电子线路图中应用非常频繁。

二、创建电子元件外部块

图 6-53 所示电路原理图中包含的图形符号见表 6-1。

表 6-1　模拟蝉鸣电子电路原理图中包含的图形符号

电子元件	电阻器	电容器	极性电容器
图形符号			
电子元件	PNP 型三极管	NPN 型三极管	发光二极管
图形符号			
电子元件	扬声器	功能等电位联结	端子
图形符号			

注：表中图形符号的大小由网格确定，在本任务中，网格的模数（相邻网格点之间的水平和垂直距离）采用 2.5 mm。

1. 绘制 PNP 型三极管的图形符号

（1）将"细实线"图层设置为当前图层。

（2）启动"直线"命令，绘制一条横线，长度为 5 mm。

（3）重启"直线"命令，在横线右侧绘制一条竖线，长度为 5 mm，如图 6-54a 所示。

（4）重启"直线"命令，绘制右上侧斜线，系统给出以下提示：

命令：_line

指定第一个点：1.25

　　　　　　// 捕捉横线和竖线的交点，向上移动光标，输入"1.25"，按回车键

指定下一点或 [放弃 (U)]: @5,3.75　　　// 输入端点的坐标"5,3.75"，按回车键

指定下一点或 [放弃 (U)]:　　　　　　　// 按回车键结束"直线"命令

右上侧斜线的绘制结果如图 6-54b 所示。

（5）启动"镜像"命令，镜像出下侧斜线，如图 6-54c 所示。

（6）按照表 6-1 所示 PNP 型三极管的图形符号，绘制开口箭头，如图 6-54d 所示。箭头线的长度和角度可不必太精确。

图 6-54　绘制 PNP 型三极管

a）绘制横线和竖线　b）绘制上侧斜线　c）绘制下侧斜线　d）绘制箭头

2. 创建"PNP 型三极管"外部块

（1）在桌面上新建名为"电气简图用图形符号"的文件夹。

（2）单击"插入"→"块定义"→"写块"按钮 ⧉（见图 6-55），系统弹出"写块"对话框，如图 6-56 所示。

（3）点选"对象（O）"。

（4）单击"拾取点（K）"按钮 ⧉，返回绘图区，拾取横线和竖线的交点作为插入基点，返回"写块"对话框。

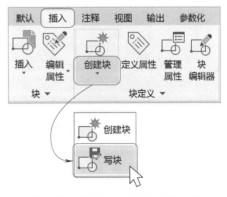

图 6-55　"写块"按钮所在的位置

（5）单击"选择对象（T）"按钮 ▦，选择 PNP 型三极管的图形符号作为插入对象，按回车键返回"写块"对话框。

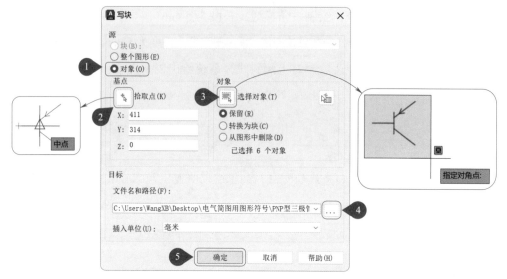

图 6-56　"写块"对话框及相关操作

（6）单击"文件名和路径（F）"右侧的选择路径按钮 ...，打开"浏览图形文件"对话框（见图 6-57），单击"桌面"按钮 ▦，选择"电气简图用图形符号"文件夹。

（7）在"文件名（N）"文本框中输入"PNP 型三极管"，单击"保存（S）"按钮。

（8）系统返回"写块"对话框，单击"确定"按钮（见图 6-56），完成外部块的创建，返回绘图区。

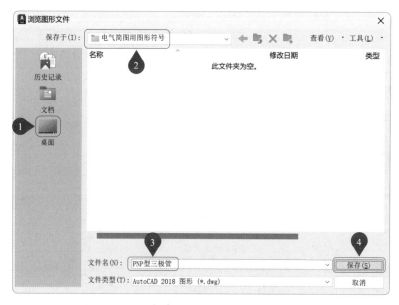

图 6-57　保存"PNP 型三极管"外部块

3．创建其他外部块

根据上述方法，按照表 6-1 所示电阻器、电容器、极性电容器、NPN 型三极管、发光二极管、扬声器、功能等电位联结和端子的图形符号创建外部块，并将其全部存储在"电气简图用图形符号"文件夹中，如图 6-58 所示。

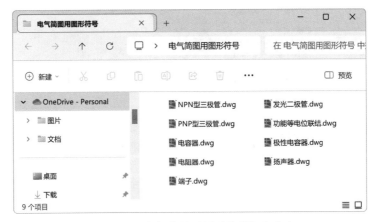

图 6-58 "电气简图用图形符号"文件夹

三、绘制模拟蝉鸣电子电路原理图

1．加载外部块

（1）单击"默认"→"块"→"插入"按钮 （见图 6-59），在展开的面板中单击"库中的块"命令，系统弹出"块"选项板。在该选项板中包括"当前图形""最近使用的项目""收藏夹"和"库"4 个选项卡，单击"库中的块"命令时系统自动打开"库"选项卡，如图 6-60 所示。

图 6-59 单击"库中的块"命令

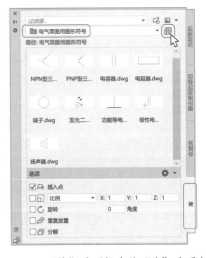

图 6-60 "块"选项板中的"库"选项卡

（2）单击"文件导航"按钮 ![]（见图6-60），打开"为块库选择文件夹或文件"对话框（见图6-61）。单击"桌面"按钮 ![]，选择"电气简图用图形符号"文件夹，单击"打开"按钮。

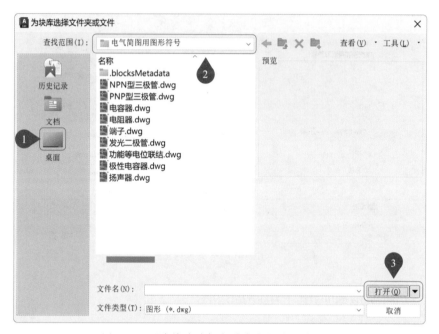

图 6-61　"为块库选择文件夹或文件"对话框

（3）返回"块"选项板，"电气简图用图形符号"文件夹中的所有外部块都被加载到了"库"选项卡下的块列表框中，如图6-60所示。

2. 插入外部块

在"库"选项卡的块列表框中，按住要插入块的图标将其拖到绘图区，即可插入块。

将"电气简图用图形符号"文件夹中所有的外部块都插入到绘图区，如图6-62所示。

图 6-62　插入绘制电路图所需的图形符号

3. 绘制电子元件的图形符号及导线

按照图6-53所示电路图上图形符号的位置布置各元件的图形符号，在布置图形符号时，可使用"旋转"或"镜像"命令调整图形符号的方向，使其与图6-53一致，重复的图形符号可以采用"复制"命令进行复制，也可以根据需要随时插入外部块。

（1）绘制电阻 R1、R2、R3、R4、R6 及导线，如图 6-63 所示。

图 6-63 绘制电阻 R1、R2、R3、R4、R6 及导线

（2）绘制两个发光二极管及导线，如图 6-64 所示。

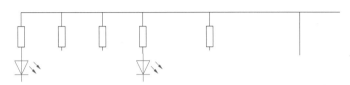

图 6-64 绘制两个发光二极管及导线

（3）绘制三个极性电容器、电阻 R5 及导线，如图 6-65 所示。

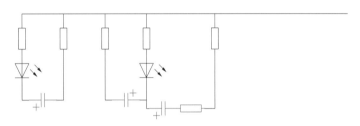

图 6-65 绘制三个极性电容器、电阻 R5 及导线

（4）绘制三个 NPN 型三极管、一个 PNP 型三极管及导线，如图 6-66 所示。

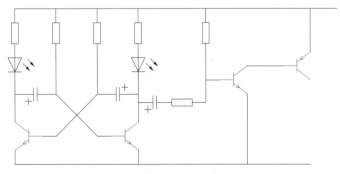

图 6-66 绘制四个三极管及导线

（5）绘制电容器 C4、电阻 R7、扬声器 PJ 及导线，如图 6-67 所示。

（6）绘制端子和功能等电位联结，如图 6-67 所示。

绘图过程中，如果电子元件的位置布置不合适或方向错误，可随时调整。

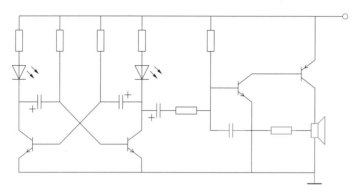

图 6-67 绘制其他电子元件的图形符号及导线

四、标注字母代码

使用"多行文字"和"复制"等命令标注字母代码，如图 6-53 所示。至此，模拟蝉鸣电子电路原理图绘制完毕。

项目七
参数化绘图

参数化绘图是指利用约束来控制几何图形的几何形状和大小。在二维几何图形上进行了相关约束后，当对其中某个对象进行编辑时，受约束的其他对象也可能相应地发生变化。采用参数化绘图能非常方便地对图形进行修改，使绘图更加便捷、高效。

任 务 一　认 识 约 束

了解参数化图形的约束类型和约束状态。

在 AutoCAD 参数化图形中，约束主要有三种状态，即未约束、欠约束和完全约束。图 7-1 所示的 4 个矩形分别处于不同的约束状态，下面分析约束对编辑图形的作用。

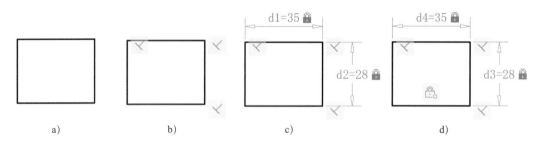

图 7-1　约束的不同状态

a）未约束　b）欠约束 1　c）欠约束 2　d）完全约束

一、打开源文件

选择配套资源中的"\AutoCAD 2023 基础与应用素材库\项目七素材\"文件夹，打开约束的不同状态源文件，如图 7-1 所示。

二、认识约束的类型

参数化图形有两种常用的约束类型，分别是几何约束和标注约束。其中，几何约束控制对象相对于彼此的位置关系，例如，图 7-1b、c、d 所示矩形的相邻各边进行了垂直约束。标注约束控制对象的长度、距离、角度和半径等，例如，图 7-1c、d 所示的矩形进行了标注约束。

三、认识约束状态

约束状态主要有未约束、欠约束和完全约束三种。

1. 未约束

未约束是指未将约束应用于任何几何图形。

图 7-1a 所示矩形属于未约束状态，拖动夹点可以对矩形进行任意编辑。

2. 欠约束

欠约束是指将某些约束应用于几何图形，但未完全约束。

图 7-1b 所示矩形给 4 条边应用了垂直约束，但没有约束矩形的长和宽，也没有固定其位置。通过拖动夹点可以改变矩形的尺寸，但无法改变矩形各线段之间的位置关系。使用"移动"命令可以对图形进行移动，使用"旋转"命令可以对图形进行旋转，使用"缩放"命令可以对图形进行缩放。

图 7-1c 所示矩形是在图 7-1b 的基础上应用了标注约束，确定了图形的大小，该矩形可以移动，但不能旋转或缩放。

3. 完全约束

完全约束是指将所有相关几何约束和标注约束应用于几何图形，并且被约束的一组对象中至少有一个对象应用了固定约束，以锁定几何图形的位置。

图 7-1d 所示矩形在图 7-1c 的基础上增加了固定约束，该图形在当前状态不能使用"缩放"命令改变其大小，也不能使用"旋转"和"移动"命令改变其方向和位置。

任务二　认识几何约束

了解"几何约束"命令的功能，掌握其操作方法。

在"草图与注释"工作空间，可以创建的几何约束有 12 种，见表 7-1。本任务通过实例介绍几何约束命令的功能及用法。

表 7-1　几何约束命令的类型

类型	水平	竖直	平行	垂直
按钮图标	〒	⫯	∥	╲
类型	相切	相等	同心	对称
按钮图标	♂	=	◎	[l]
类型	重合	共线	平滑	固定
按钮图标	L	✓	⤳	🔒

"参数化"选项卡

单击"参数化"选项卡的标签，即可进入"参数化"功能区。"参数化"功能区包括"几何"面板、"标注"面板和"管理"面板，如图 7-2 所示，参数化绘图的各项命令都包含在其中。

图 7-2 "参数化"选项卡

创建几何约束的方法是：先选择所需的约束命令，然后选择相应的有效对象或参照对象。

一、"重合""水平"和"竖直"约束

1. "重合"约束

"重合"约束可以约束两个点使其重合，或约束一个点使其位于对象或对象延长部分的任意位置。被选定的点可以是直线的端点和中点、圆弧的端点和中点、圆的圆心等。

（1）绘制 3 条直线

用"直线"命令绘制 3 条直线，如图 7-3 所示，角度和尺寸可以任意选择。

（2）约束 F 点重合到 A 点

1）单击"参数化"→"几何"→"重合"按钮 ⌐，启动"重合"命令。

2）先单击 A 点（见图 7-4a），再单击 F 点（见图 7-4b），使 F 点重合到 A 点，且在两条直线的重合点上显示"重合"约束标记（蓝色小方点），如图 7-4c 所示。

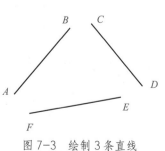

图 7-3 绘制 3 条直线

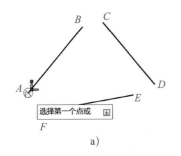
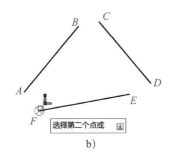
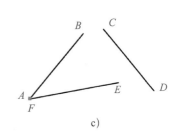

a)　　　　　　　　　　　b)　　　　　　　　　　　c)

图 7-4　约束 F 点重合到 A 点

a）单击 A 点　b）单击 F 点　c）重合结果

（3）约束 C 点重合到 B 点

启动"重合"命令，先单击 B 点，再单击 C 点，使 C 点重合到 B 点，如图 7-5 所示。

小贴士

一般情况下，应用"平行""垂直""相切""相等""同心""对称""重合""共线""平滑"等几何约束命令约束对象的相对位置时，第一个选定对象不动，第二个选定对象的位置和（或）形状变化，除非第二个选定对象的位置被完全固定。

（4）约束 E 点重合到 D 点

启动"重合"命令，先单击 D 点，再单击 E 点，使 E 点重合到 D 点，如图 7-6 所示。

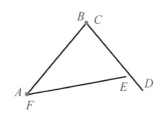

图 7-5　约束 C 点重合到 B 点

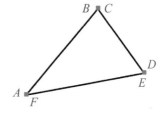

图 7-6　约束 E 点重合到 D 点

2."水平"约束 AD 直线

水平约束可以约束一条直线或一对点，使其与 X 轴平行，对象上的第二个选定点将设定为与第一个选定点水平。

（1）单击"参数化"→"几何"→"水平"按钮 ，启动"水平"命令。

（2）单击 AD 直线，AD 直线变为水平，如图 7-7 所示。

3."竖直"约束 *AB* 直线

（1）单击"参数化"→"几何"→"竖直"按钮 ⫸，启动"竖直"命令。

（2）单击 *AB* 直线，*AB* 直线变为竖直，如图 7-8 所示。

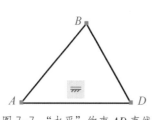

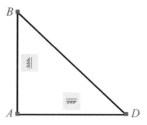

图 7-7 "水平"约束 *AD* 直线　　图 7-8 "竖直"约束 *AB* 直线

通过以上几何约束操作可以发现，执行几何约束命令后，为满足约束，直线的位置和长度可能会发生变化。

二、"相切""固定"和"相等"约束

1."相切"约束

"相切"约束可以约束两条曲线或直线与曲线，使其彼此相切或其延长线彼此相切。

（1）绘制等边三角形和 3 个圆

1）启动"多边形"命令，绘制一个边长为 100 mm 的等边三角形，如图 7-9 所示。

2）在三角形内任意绘制 3 个圆，如图 7-10 所示。

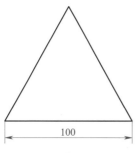

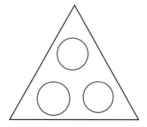

图 7-9 等边三角形　　　　图 7-10 在三角形内任意绘制 3 个圆

（2）"相切"约束左下侧圆与三角形左下侧的两条边线相切

1）单击"参数化"→"几何"→"相切"按钮 ⟲，启动"相切"命令，使左下侧圆与三角形下侧边线"相切"约束，系统给出以下提示：

命令：_GcTangent

选择第一个对象：　　　　　　　　　　　　// 选择三角形下侧边（见图 7-11a）

选择第二个对象：　　　　　　　　　　　　// 选择左下侧圆（见图 7-11b）

左下侧圆与三角形下侧边的"相切"约束结果如图 7-11c 所示。

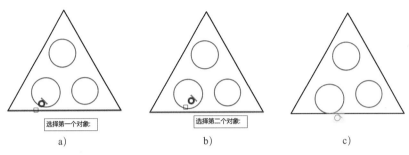

图 7-11 使左下侧圆与三角形下侧边线"相切"约束
a）选择三角形下侧边 b）选择左下侧圆 c）"相切"约束结果

2）用同样的方法使左下侧圆与三角形左侧边线"相切"约束，如图 7-12 所示。

（3）"相切"约束其余两个圆与三角形的边线相切

用同样的方法使其余两个圆与三角形的边线"相切"约束，如图 7-13 所示。

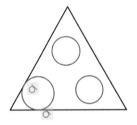

图 7-12 使左下侧圆与三角形
左侧边线"相切"约束

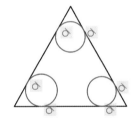

图 7-13 使其余两个圆与三角形的
边线"相切"约束

2. "固定"约束三角形的 3 条边线

"固定"约束可以约束对象上的一个夹点（如直线和圆弧的端点或中点、圆的圆心等），使其在世界坐标系固定位置。

单击"参数化"→"几何"→"固定"按钮 🔒，启动"固定"命令，单击三角形某一条边线的中点，固定该中点的位置；然后用同样的方法固定其他两条边线中点的位置，如图 7-14 所示。这样三角形各边的位置就固定了，同时也固定了其边长。

3. "相等"约束 3 个圆

"相等"约束可以约束两条直线或多段线的线段，使其具有相同的长度；或约束圆弧和圆，使其具有相同的半径。使用"多个"选项可将两个或多个对象设置为相等。

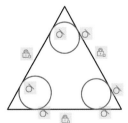

图 7-14 "固定"约束三角形

单击"参数化"→"几何"→"相等"按钮 ，启动"相等"命令，系统给出以下提示：

命令：_GcEqual

选择第一个对象或 [多个 (M)]: M

// 输入"M"，按回车键，选择"多个"选项

选择第一个对象：   // 选择一个圆

选择对象以使其与第一个对象相等：   // 选择另外一个圆

选择对象以使其与第一个对象相等：   // 选择第三个圆

选择对象以使其与第一个对象相等：   // 按回车键结束命令

设为相等的对象半径

"相等"约束 3 个圆的结果如图 7–15 所示。

4."相切"约束 3 个圆

启动"相切"命令，单击 3 个圆中的某一个圆，再单击其他两个圆中的任意一个圆，即可使 3 个圆相切，如图 7–16 所示。因为已经约束了 3 个圆"相等"，3 个圆的另外两个相切关系自然形成。如果再使用"相切"命令约束其他圆相切，则弹出"几何约束"警示对话框，如图 7–17 所示。

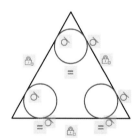

图 7–15 约束 3 个圆"相等"

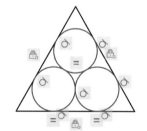

图 7–16 约束 3 个圆"相切"

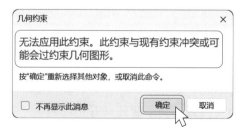

图 7–17 "几何约束"警示对话框

三、"平行"和"垂直"约束

1."平行"约束

"平行"约束可以约束两条直线或多段线的线段，使其平行。

（1）用"多段线"命令绘制一个四边形，使下侧边线水平且图形闭合，如图 7-18a 所示。

（2）单击"参数化"→"几何"→"平行"按钮 // ，启动"平行"命令。

（3）先单击下侧边线，再单击上侧边线，约束两条边线平行，如图 7-18b 所示。

2."垂直"约束

"垂直"约束可以约束两条直线或多段线的线段，使其垂直。

（1）单击"参数化"→"几何"→"垂直"按钮 ，启动"垂直"命令。

（2）先单击下侧边线，再单击左侧边线，约束两条边线垂直，如图 7-18c 所示。

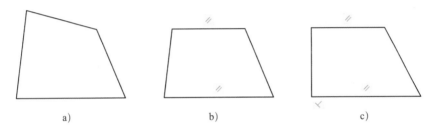

图 7-18　"平行"约束与"垂直"约束

a）绘制四边形　b）约束上、下两条边线平行　c）约束左侧边线与上（下）侧边线垂直

四、其他约束

1."同心"约束

"同心"约束可以约束选定的圆、圆弧、椭圆或椭圆弧，使其圆心或椭圆中心重合。

（1）任意绘制两个圆和一段圆弧，如图 7-19a 所示。

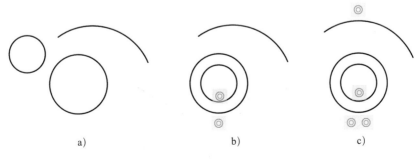

图 7-19　"同心"约束

a）未约束的图形　b）约束两个圆"同心"　c）约束圆弧与圆"同心"

（2）单击"参数化"→"几何"→"同心"按钮 ◎，启动"同心"命令。先单击大圆，再单击小圆，将小圆移动到与大圆同心的位置，如图 7-19b 所示。

（3）重启"同心"命令，先单击"大圆"，再单击圆弧，将圆弧移动到与大圆同心的位置，如图 7-19c 所示。

2."对称"约束

"对称"约束可以约束两个点或两条线（如直线、圆、圆弧、椭圆和椭圆弧）使其以选定直线为对称轴彼此对称。注意：被约束的对象不能是样条曲线。

（1）绘制图 7-20a 所示图形。

（2）单击"参数化"→"几何"→"对称"按钮 中，启动"对称"命令。

（3）先单击左侧圆弧，然后单击右侧圆弧，再单击中间的对称中心线。

应用"对称"命令约束两圆弧相对对称中心线对称的结果如图 7-20b 所示。右侧圆弧的圆心位置与左侧圆弧的圆心位置相对对称中心线对称，右侧圆弧的半径与左侧圆弧的半径相等。

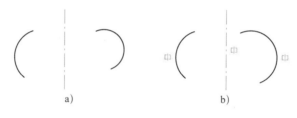

图 7-20 "对称"约束

a）约束前　b）约束后

3."共线"约束

"共线"约束用于约束两条直线，使其位于同一条无限长的直线上。

（1）绘制两条交叉直线，如图 7-21a 所示。

（2）单击"参数化"→"几何"→"共线"按钮 ✓，启动"共线"命令。

（3）先单击左侧直线，再单击右侧直线，约束两条直线"共线"，如图 7-21b 所示。

图 7-21 "共线"约束

a）绘制两条交叉直线　b）约束两条直线"共线"

4."平滑"约束

"平滑"约束可以约束一条样条曲线，使其与其他样条曲线、直线、圆弧或多段线相连并光滑过渡。选定的第一个对象必须为样条曲线。

（1）绘制一条直线和一条样条曲线，如图 7-22a 所示。

（2）"固定"约束直线的两个端点，如图 7-22b 所示。

（3）单击"参数化"→"几何"→"平滑"按钮 ⤢，启动"平滑"命令。

（4）先单击样条曲线的左侧端点，再单击直线的右侧端点，使样条曲线与直线相连并平滑过渡，如图 7-22b 所示。

a)　　　　　　　　　　　　　　b)

图 7-22　"平滑"约束

a）绘制直线与样条曲线　b）直线与样条曲线相连并"平滑"过渡

任务三　绘制限位板

1. 了解"自动约束"的功能，掌握其操作方法。

2. 了解"标注约束"命令的功能，掌握其操作方法。

图 7-23 所示为限位板，采用参数化绘图可以非常方便地完成图形的绘制。绘图时可以先绘制图形的大致轮廓，然后对图形进行几何约束，再对图形进行标注约束。

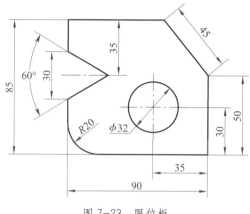

图 7-23　限位板

标注约束的类型

几何约束仅仅约束了图形对象的位置关系，对象的长度、距离、角度和半径还需要用标注约束进行控制。在"草图与注释"工作空间中，可以创建的标注约束共有八种，见表 7-2。

表 7-2　标注约束的类型、按钮图标及约束功能

序号	类型	按钮图标	约束功能
1	线性		约束两点之间的水平或竖直距离
2	水平		约束两点之间的水平距离
3	竖直		约束两点之间的竖直距离
4	对齐		约束两点之间的距离
5	角度		约束两条线段之间的角度或 3 个点之间的角度
6	半径		约束圆或圆弧的半径
7	直径		约束圆或圆弧的直径
8	转换		将标注转换为标注约束

一、绘制图形的大致轮廓

将"粗实线"图层设置为当前图层，先启动"多段线"命令绘制外形，结束时选择"闭合"选项；再在图形中绘制一个圆，如图 7-24 所示。

二、几何约束图形

1. "自动约束"图形

在对图形进行几何约束时，如果一项项进行操作，会非常烦琐，AutoCAD 2023 的自动约束功能使几何约束变得非常便捷。自动约束用于根据对象相对于彼此的关系自动将几何约束应用于对象。

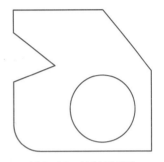

图 7-24 绘制图形的
大致轮廓

单击"参数化"→"几何"→"自动约束"按钮 ，启动"自动约束"命令。选择所有图形对象后按回车键，即可给图形自动添加约束，如图 7-25 所示。在该图中，自动约束给图形添加了平行约束、垂直约束、重合约束、相切约束、共线约束和水平约束等。注意：自动约束不能添加对称约束、固定约束和平滑约束。

2. 给 V 形槽添加"相等"约束

自动约束不能完全约束图形的几何形状，还需要根据自动约束后的实际情况进行几何约束。图 7-25 所示图形中的 V 形槽不对称，启动"相等"几何约束命令，约束 V 形槽两侧的边线等长，如图 7-26 所示。

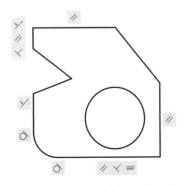

图 7-25 "自动约束"后的图形

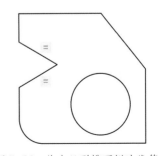

图 7-26 约束 V 形槽两侧边线等长

三、标注约束图形

1. 给图形的外轮廓添加"线性"标注约束

（1）单击"参数化"→"标注"→"线性"按钮 ，启动"线性"命令。先单击左侧竖线与圆弧的交点 A，再单击下侧横线的右侧端点，给图形总长添加"线性"标注约束，如图 7-27 所示。

（2）用同样的方法添加其他"线性"标注约束，如图 7-28 所示。

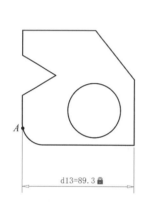

图 7-27　添加总长的"线性"标注约束

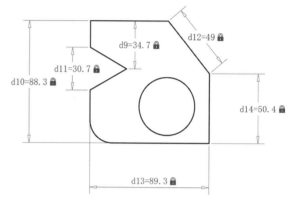

图 7-28　给外形轮廓添加"线性"标注约束

2. 给 V 形槽添加"角度"标注约束

单击"参数化"→"标注"→"角度"按钮 ，启动"角度"命令，给 V 形槽添加"角度"标注约束，如图 7-29 所示。

3. 给左下侧圆角添加"半径"标注约束

单击"参数化"→"标注"→"半径"按钮 ，启动"半径"命令，给左下侧圆角添加"半径"标注约束，如图 7-29 所示。

4. 给圆添加"直径"标注约束

单击"参数化"→"标注"→"直径"按钮 ，启动"直径"命令，给圆添加"直径"标注约束，如图 7-30 所示。

5. 给圆心添加标注约束

（1）单击"参数化"→"标注"→"水平"按钮 ，启动"水平"命令，给圆心位置添加"水平"标注约束，如图 7-31 所示。

（2）单击"参数化"→"标注"→"竖直"按钮 ，启动"竖直"命令，给圆心添加"竖直"标注约束，如图 7-31 所示。

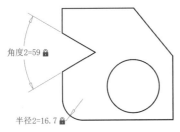

图 7-29 添加"角度"和"半径"标注约束

图 7-30 给圆添加"直径"标注约束

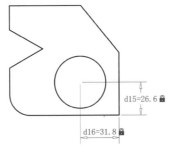

图 7-31 给圆心添加"水平"和"竖直"标注约束

 小贴士

"水平"和"竖直"标注约束命令都可以用"线性"标注约束命令代替。

6. 修改标注约束的数值

双击标注约束，标注约束的尺寸数值处于可编辑状态，输入新的尺寸数值，在空白处单击，即可完成标注约束数值的修改。修改标注约束数值可以在标注的过程中进行，也可以在完成标注后进行。按照图 7-23 所示尺寸修改标注约束的数值，结果如图 7-32 所示。至此，限位板绘制完毕。

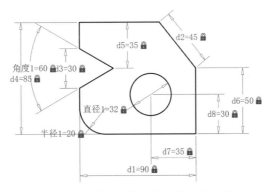

图 7-32 修改标注约束数值后的结果

任务四　显示、隐藏与删除约束

1. 掌握几何约束显示与隐藏的操作方法。
2. 了解动态约束模式与注释性约束模式的含义。
3. 掌握动态约束显示与隐藏的操作方法。
4. 掌握删除约束的操作方法。

在进行参数化绘图时，常常需要对约束进行显示、隐藏或删除操作。本任务以图 7-33 为例，介绍显示、隐藏与删除几何约束和标注约束的方法。

一、打开源文件

选择配套资源中的"\AutoCAD 2023 基础与应用素材库\项目七素材\"文件夹，打开盖板源文件，如图 7-34 所示。该图与图 7-33 的区别是其几何约束和标注约束皆被隐藏。

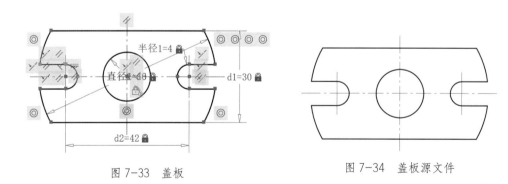

图 7-33　盖板　　　　　　　　　　　图 7-34　盖板源文件

二、显示和隐藏几何约束

在"参数化"功能区"几何"面板的右侧有三个按钮，分别是"显示/隐藏"按钮 、"全部显示"按钮 和"全部隐藏"按钮 ，其功能见表 7-3。

表 7-3　显示 / 隐藏几何约束按钮的功能

名称	图标	功能
"显示 / 隐藏"按钮	[\!]	显示或隐藏选定对象的几何约束
"全部显示"按钮	[\!]	显示图形中的所有几何约束
"全部隐藏"按钮	[\!]	隐藏图形中的所有几何约束

1. 全部显示几何约束

单击"参数化"→"几何"→"全部显示"按钮 [\!]，会显示所有几何约束图标，如图 7-35 所示。

2. 移动几何约束图标

在某些情况下，几何约束图标会遮挡图线或互相重叠。为了绘图方便，有时需要将几何约束图标拖动到合适的位置。如图 7-35 所示，盖板下侧横线的几何约束图标被中间圆的同心约束图标遮挡了，将光标移到同心标记上按下鼠标左键，拖动"平行"约束图标到适当位置（见图 7-36），松开鼠标左键，即可实现几何约束图标的移动。

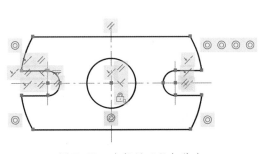

图 7-35　全部显示几何约束

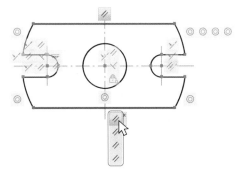

图 7-36　移动几何约束图标

3. 亮显几何约束

当将光标悬停在被约束的图形对象上（或选中图形对象）时，将亮显该对象和与该对象有关的约束图标，如图 7-37a 所示。当将光标悬停在约束图标上时，将亮显与该约束有关的对象及约束，如图 7-37b 所示。

4. 隐藏几何约束图标

在绘图过程中往往需要部分或全部隐藏几何约束图标。把光标移到几何约束图标上，在其右侧呈现出一个带"×"号的按钮（见图 7-38），单击该按钮，即可隐藏该几何约束的图标。

单击"参数化"→"几何"→"显示 / 隐藏"按钮 [\!]，选择要隐藏几何约束图标的图形对象后按回车键，在弹出的快捷菜单中单击"隐藏（H）"命令（见图 7-39）或在命令行输入"H"后按回车键，即可隐藏该图形对象的所有几何约束图标。

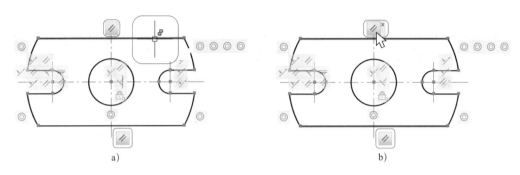

a)   b)

图 7-37　亮显几何约束

a）将光标悬停在被约束的图形对象上　b）将光标悬停在约束图标上

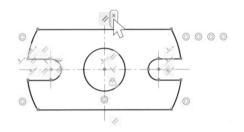

图 7-38　隐藏几何约束图标　　　图 7-39　"显示／隐藏"几何约束快捷菜单

单击"参数化"→"几何"→"全部隐藏"按钮 ，则隐藏所有几何约束图标，如图 7-34 所示。

三、显示和隐藏动态约束

标注约束有两种模式，即动态约束和注释性约束。至于要创建的标注约束属于哪种形式，可以在功能区"参数化"选项卡下的"标注"展开面板（见图 7-40）中进行设置。动态约束模式的标注外观由软件预定义的标注样式决定，不能修改，且不能打印。注释性约束的标注外观由当前标注样式控制，可以修改标注样式，也可以打印标注。

图 7-40　标注约束的模式

在"参数化"功能区"标注"面板的右侧有三个按钮，分别是"显示／隐藏"按钮 、"全部显示"按钮 和"全部隐藏"按钮 ，其功能见表 7-4。

表 7-4　显示、隐藏动态约束按钮的功能

名称	图标	功能
"显示／隐藏"按钮		显示或隐藏选定对象的动态标注约束
"全部显示"按钮		显示图形中的所有动态标注约束
"全部隐藏"按钮		隐藏图形中的所有动态标注约束

1．全部显示动态约束

单击"参数化"→"标注"→"全部显示"按钮，会显示所有动态约束图标，如图 7-41 所示。

2．隐藏动态约束图标

在绘图过程中往往需要部分或全部隐藏动态约束图标。单击"参数化"→"标注"→"显示／隐藏"按钮，选择要隐藏的动态约束图标后按回车键，在弹出的快捷菜单中选择"隐藏（H）"命令（见图 7-42）或在命令行输入"H"后按回车键，即可隐藏选择的动态约束图标。

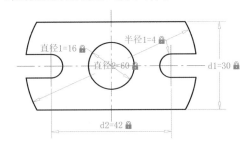

图 7-41　全部显示动态约束　　　　图 7-42　"显示／隐藏"动态约束快捷菜单

四、删除约束

在编辑图形对象时，往往需要删除某些已经建立的约束，这就需要用到"删除约束"命令。"删除约束"命令不但可以删除几何约束，也可以删除标注约束。"删除约束"命令可以一次删除多个几何约束和标注约束。

单击"参数化"→"管理"→"删除约束"按钮，启动"删除约束"命令，选择需要删除几何约束的图形对象后按回车键，即可删除该图形对象上的所有几何约束。若需要删除标注约束，则在启动"删除约束"后选择需要删除的标注约束即可。

若需要删除图形对象的某一个几何约束时，可以用鼠标右键单击要删除的约束，在弹出的快捷菜单中单击"删除"命令，如图 7-43 所示。当一个图形对象上具有多个约束时，如果仅仅要删除某个约束，可使用右键快捷菜单。

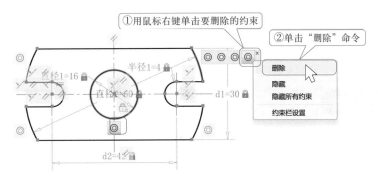

图 7-43　删除约束

任务五　绘制高脚杯

1. 了解约束设置的方法，能根据实际绘图需要进行约束设置。
2. 能利用推断几何约束绘制图形。
3. 能熟练使用几何约束和标注约束命令。

　　图7-44所示高脚杯由杯身、杯梗和杯底组成，在杯身上有三段相切圆弧，其位置由相切几何关系确定。此图若采用普通方法绘图会非常烦琐，若采用参数化绘图则非常简单。下面使用参数化绘图方法绘制高脚杯。

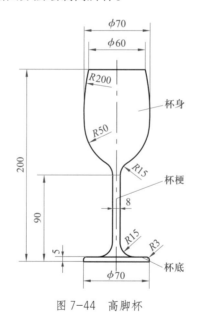

图7-44　高脚杯

约 束 设 置

　　在功能区"参数化"选项卡中单击"几何"或"标注"右下侧的斜箭头 ↘ ，系统弹出"约束设置"对话框，并自动进入相应的选项卡。该对话框包含 3 个选项卡，即"几何"选项卡、"标注"选项卡和"自动约束"选项卡。

1."几何"选项卡

"几何"选项卡（见图 7-45）主要用于设置几何约束，该选项卡中各主要选项的功能如下。

图 7-45　"约束设置"对话框中的"几何"选项卡

"推断几何约束（I）"复选框：勾选该复选框，则创建和编辑几何图形时软件通过推断自动进行几何约束。

"约束栏显示设置"选项组：控制是否显示约束标记。例如，可以为水平约束和相切约束隐藏约束标记。

"将约束应用于选定对象后显示约束栏（W）"复选框：勾选该复选框，则当对对象进行约束时可显示相关约束标记。

"选定对象时显示约束栏（C）"复选框：勾选该复选框，则当隐藏几何约束后，选择对象时，会显示选定对象的约束标记。

2."标注"选项卡

"标注"选项卡（见图 7-46）主要用于设置标注约束，该选项卡中各主要选项的功能如下。

"标注名称格式（N）"下拉列表框：指定标注约束显示文字的格式。该选项有"名称""值"和"名称和表达式"（见图 7-46）三种选择，在动态约束模式下的标注名称格式标注示例如图 7-47 所示。

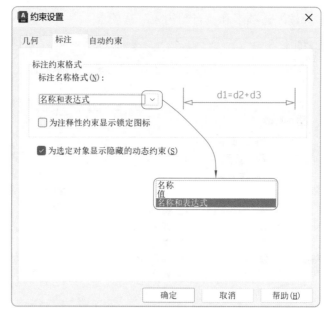

图 7-46 "标注"选项卡

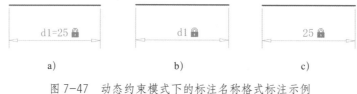

图 7-47 动态约束模式下的标注名称格式标注示例

a）名称和表达式 b）名称 c）值

"为注释性约束显示锁定图标"复选框：针对已经应用注释性约束的对象显示锁定图标 🔒。

"为选定对象显示隐藏的动态约束（S）"复选框：选中该复选框时，自动显示选定对象已设定为隐藏的动态约束。

3."自动约束"选项卡

"自动约束"选项卡（见图 7-48）主要用于控制自动约束的相关参数，该选项卡中各主要选项的功能如下。

"约束类型"列表框：显示自动约束的约束类型及优先级。可以通过"上移（U）"和"下移（D）"按钮调整优先级的先后顺序。可以单击符号选择或去掉某约束类型是否作为自动约束类型。

"相切对象必须共用同一交点（T）"复选框：两条相切线必须有一个共用点，才可以在进行自动约束时应用相切约束。

图 7-48 "自动约束"选项卡

"垂直对象必须共用同一交点（P）"复选框：两条互相垂直的直线必须相交或者一条直线的端点必须与另一条直线或直线的端点重合，才可以在进行自动约束时应用垂直约束。

"公差"选项组：设置可接受的绘图"距离（I）"和"角度（A）"误差以确定是否可以应用约束。

一、设置绘图环境

1. 打开"制图样板"，新建图形文件。

2. 单击"参数化"→"几何"右下侧的斜箭头 ⬎，打开"约束设置"对话框，在"几何"选项卡中勾选"推断几何约束（T）"复选框，单击"确定"按钮。

3. 切换到"标注"选项卡，标注名称格式选择"值"。设置完毕单击"确定"按钮。

4. 将"粗实线"图层设置为当前图层。

二、绘制杯底

1．绘制杯底的大致轮廓

（1）启动"矩形"命令绘制矩形。

（2）单击"参数化"→"几何"→"固定"按钮 🔒，启动"固定"命令。单击矩形下侧横线的中点，固定矩形，如图 7-49 所示。

2. 给矩形添加标注约束

（1）单击"参数化"→"标注"→"线性"按钮 ，启动"线性"约束命令，给矩形的长度添加动态约束，并将"值"修改为"70"。

（2）重启"线性"约束命令，给矩形的高度添加动态约束，并将"值"修改为"5"。

杯底的标注约束结果如图 7-49 所示。

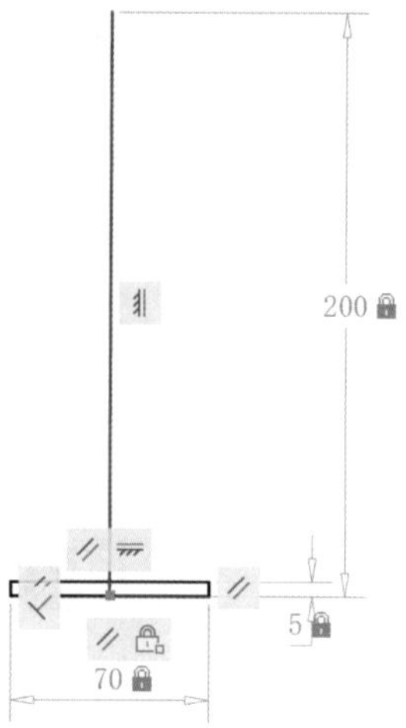

三、绘制作图基准线

1. 启动"直线"命令，拾取矩形下侧横线的中点，单击。

图 7-49　绘制杯底和作图基准线

2. 竖直向上移动光标，在适当位置单击，绘制一条作图基准线。

3. 启动"线性"命令，给基准线添加线性约束，并将"值"修改为"200"。

作图基准线的绘制结果如图 7-49 所示。

四、绘制杯梗和杯身

1. 隐藏几何约束和标注约束

为了作图方便，可以隐藏已绘图形的几何约束和标注约束。

（1）单击"参数化"→"几何"→"全部隐藏"按钮 ，隐藏几何约束。

（2）单击"参数化"→"标注"→"全部隐藏"按钮 ，隐藏标注约束。

2. 绘制杯梗和杯身左侧大致轮廓

在命令行输入"PL"，按回车键，启动"多段线"命令，绘制杯梗和杯身左侧大致轮廓，系统给出以下提示：

命令 : PL

PLINE

指定起点 :　　　　　　　　// 捕捉杯底矩形的左上侧端点，向右移动光标

　　　　　　　　　　　　　　　　　　　// 在适当位置单击

当前线宽为 0.0000

指定下一个点或 [圆弧 (A)/ 半宽 (H)/ 长度 (L)/ 放弃 (U)/ 宽度 (W)]: A

　　　　　　　　　　　　// 输入"A"，按回车键，选择"圆弧"选项

指定圆弧的端点 (按住 Ctrl 键以切换方向) 或

[角度 (A)/ 圆心 (CE)/ 方向 (D)/ 半宽 (H)/ 直线 (L)/ 半径 (R)/ 第二个点 (S)/ 放弃 (U)/

宽度 (W)]: D   // 输入 "D"，按回车键，选择 "方向" 选项

指定圆弧的起点切向：   // 水平向右移动光标，指定圆弧起点切向

指定圆弧的端点 (按住 Ctrl 键以切换方向)：

                // 向右上移动光标，在适当位置单击，绘制下侧 "$R15$" 圆弧

指定圆弧的端点 (按住 Ctrl 键以切换方向) 或

[角度 (A)/ 圆心 (CE)/ 闭合 (CL)/ 方向 (D)/ 半宽 (H)/ 直线 (L)/ 半径 (R)/ 第二个点 (S)/

放弃 (U)/ 宽度 (W)]: L   // 输入 "L"，按回车键，切换到 "直线" 选项

指定下一点或 [圆弧 (A)/ 闭合 (C)/ 半宽 (H)/ 长度 (L)/ 放弃 (U)/ 宽度 (W)]：

              // 竖直向上移动光标，在适当位置单击，绘制杯梗

指定下一点或 [圆弧 (A)/ 闭合 (C)/ 半宽 (H)/ 长度 (L)/ 放弃 (U)/ 宽度 (W)]: A

                // 输入 "A"，按回车键，切换到 "圆弧" 选项

指定圆弧的端点 (按住 Ctrl 键以切换方向) 或

[角度 (A)/ 圆心 (CE)/ 闭合 (CL)/ 方向 (D)/ 半宽 (H)/ 直线 (L)/ 半径 (R)/ 第二个点 (S)/

放弃 (U)/ 宽度 (W)]：   // 向左上移动光标，在适当位置单击

              // 绘制杯梗与杯身结合处的 "$R15$" 圆弧

指定圆弧的端点 (按住 Ctrl 键以切换方向) 或

[角度 (A)/ 圆心 (CE)/ 闭合 (CL)/ 方向 (D)/ 半宽 (H)/ 直线 (L)/ 半径 (R)/ 第二个点 (S)/

放弃 (U)/ 宽度 (W)]：   // 继续向左上移动光标，在适当位置单击

                // 绘制杯身的 "$R50$" 圆弧

指定圆弧的端点 (按住 Ctrl 键以切换方向) 或

[角度 (A)/ 圆心 (CE)/ 闭合 (CL)/ 方向 (D)/ 半宽 (H)/ 直线 (L)/ 半径 (R)/ 第二个点 (S)/

放弃 (U)/ 宽度 (W)]：   // 再次向左上移动光标，捕捉基准线上侧端点

       // 水平向左移动光标，在适当位置单击，绘制杯身的 "$R200$" 圆弧

指定圆弧的端点 (按住 Ctrl 键以切换方向) 或

[角度 (A)/ 圆心 (CE)/ 闭合 (CL)/ 方向 (D)/ 半宽 (H)/ 直线 (L)/ 半径 (R)/ 第二个点 (S)/

放弃 (U)/ 宽度 (W)]: L   // 输入 "L" ，按回车键，切换到 "直线" 选项

指定下一点或 [圆弧 (A)/ 闭合 (C)/ 半宽 (H)/ 长度 (L)/ 放弃 (U)/ 宽度 (W)]:

// 拾取基准线上侧端点，单击

指定下一点或 [圆弧 (A)/ 闭合 (C)/ 半宽 (H)/ 长度 (L)/ 放弃 (U)/ 宽度 (W)]:

// 按回车键结束 "多段线" 命令

杯梗和杯身左侧大致轮廓的绘制结果如图 7-50 所示。

3. 补齐约束

"推断几何约束" 并不能完全约束图形，所以要检查图形的约束情况，并对欠约束的图线添加几何约束。检查图 7-50 可发现以下三个问题。

（1）杯梗下侧与杯底结合处的 "R15" 圆弧与杯座的相切处没有相切约束。

（2）由于杯身的最粗处（"R200" 圆弧）的直径为 "$\phi 70$"，与杯底的直径相同。因此杯底左侧直线与 "R200" 圆弧相切，应添加 "相切" 约束。

（3）上侧横线缺少水平约束。

使用 "相切" 约束命令，给这两处添加 "相切" 约束；使用 "水平" 约束命令，给上侧横线添加 "水平" 约束，如图 7-51 所示。

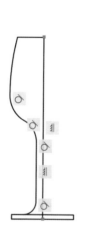

图 7-50　杯梗和杯身左侧大致轮廓的绘制结果

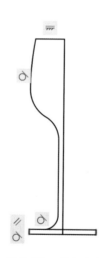

图 7-51　补充约束

4. 标注约束杯梗和杯身的左侧轮廓

在进行标注约束时，应该先对与主要结构相关的轮廓线进行约束，如先约束杯梗的直径尺寸 "$\phi 8$" 和杯口的尺寸 "$\phi 60$"，然后依次约束杯身的上侧 "R200" 圆弧和中间的 "R50" 圆弧，最后约束两个 "R15" 圆弧，如图 7-52 所示。检查无误后隐藏标注约束图标。

5. 镜像出杯梗和杯身的右侧轮廓

启动"镜像"命令，镜像出杯梗和杯身的右侧轮廓，如图 7-53 所示。

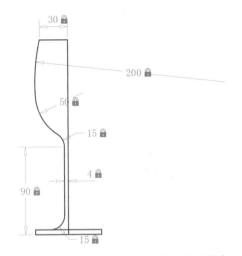

图 7-52 标注约束杯梗和杯身的左侧轮廓

图 7-53 镜像出杯梗和杯身的右侧轮廓

五、将作图基准线转换为对称中心线

1. 删除作图基准线的"重合"约束

（1）单击"参数化"→"几何"→"全部显示"按钮 ，显示全部几何约束。

（2）将光标移到作图基准线上侧端点，弹出"重合"图标 。右键单击该图标，弹出快捷菜单，单击"删除"命令（见图 7-54），删除作图基准线上侧端点的"重合"约束。

（3）用同样的方法删除作图基准线下侧端点的重合约束。

（4）全部隐藏未删除的几何约束。

2. 删除作图基准线的"长度"标注约束

（1）单击"参数化"→"标注"→"显示 / 隐藏"按钮 。

（2）选择作图基准线后按两次回车键，显示与作图基准线有关的两个标注约束（见图 7-55）。

（3）单击"参数化"→"管理"→"删除约束"按钮 ，启动"删除约束"命令，选择标注约束"200"（见图 7-55），按回车键，删除作图基准线的"长度"标注约束。

3. 拉长作图基准线

选择作图基准线，将上侧夹点向上拉长 10 mm，下侧夹点向下拉长 10 mm。

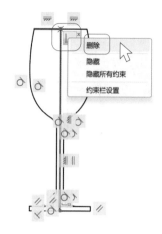

图 7-54　删除作图基准线上侧
端点的"重合"约束

图 7-55　删除作图基准线的
"长度"标注约束

4. 转换线型

选择作图基准线，单击"默认"→"图层"面板上方的"图层"列表框，打开下拉列表。选择"细点画线"图层，将作图基准线（此时为对称中心线）由粗实线修改为细点画线，如图 7-56 所示。

六、绘制底座上的"R3"圆角

单击"默认"→"修改"→"圆角"按钮 ，启动"圆角"命令，绘制底座上的两个"R3"圆角，如图 7-56 所示。

图 7-56　转换对称中心线的
线型并倒圆角

任务六　绘 制 吊 钩

学习目标

培养综合运用几何约束和标注约束绘制图形的能力。

任务描述

图 7-57 所示吊钩由一系列相切的圆弧和直线组成，由于相切曲线非常多，采用参数化绘图可简化作图步骤。

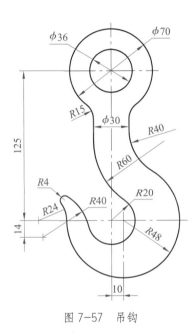

图 7-57　吊钩

任务实施

一、分析图形

在绘制复杂图形时，要分析图形结构，找出作图基准，制定绘图步骤。吊钩的长度基准是"R20"圆弧的竖直对称中心线，高度基准是"R20"圆弧的水平对称中心线，两条对称中心线的交点是图形的基准点。该图的作图步骤如下。

1. 绘制作图基准线。

2. 绘制"$\phi 70$""R20"和"R48"圆弧。

3. 绘制上部直线轮廓。

4. 绘制左下侧"R24"圆弧和"R40"圆弧。

5. 绘制其他连接圆弧和"$\phi 36$"圆。

二、绘制作图基准线并添加几何约束

1. 新建图形文件

（1）打开"制图样板"，新建图形文件。

（2）在"约束设置"对话框的"几何"选项卡中勾选"推断几何约束（I）"复选框。

（3）切换到"标注"选项卡，"标注名称格式（N）"选择"值"，设置完毕单击"确定"按钮。

2. 绘制作图基准线

将"细点画线"图层设置为当前图层，利用"直线"命令绘制竖直作图基准线和水平作图基准线。给基准线的交点添加"固定"约束，给两条直线的长度添加线性标注约束，如图 7-58 所示。竖直作图基准线的上侧端点为"$\phi 70$"圆弧的圆心，两基准线的交点为"$R20$"圆弧的圆心，水平作图基准线的右侧端点为"$R48$"圆弧的圆心。作图时，检查无误后皆隐藏约束图标。

三、绘制"$\phi 70$""$R20$"和"$R48$"圆弧

1. 将"粗实线"图层设置为当前图层。

2. 启动"圆心、起点、端点"命令，以基准线的三个端点（或交点）为圆心绘制 3 段圆弧，作为"$\phi 70$""$R20$"和"$R48$"圆弧的大致轮廓，系统自动添加了圆心与基准线端点的"重合"约束。

3. 根据图 7-58 所示尺寸给 3 段圆弧添加"直径"或"半径"标注约束。

绘制"$\phi 70$""$R20$"和"$R48$"圆弧并添加标注约束的结果如图 7-59 所示

图 7-58　绘制作图基准线并添加
几何约束和标注约束

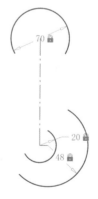

图 7-59　绘制"$\phi 70$""$R20$"和"$R48$"
圆弧并添加标注约束的结果

四、绘制 3 段圆弧之间的连接线段

1. 绘制左侧连接线段

（1）启动"三点"绘制圆弧命令，绘制上侧圆弧。

（2）启动"直线"命令，绘制中间竖线。

（3）启动"三点"命令，绘制下侧圆弧。

（4）根据图 7-57 所示图形的形状添加几何约束。

绘制结果如图 7-60a 所示。

2. 绘制右侧连接线段

用同样的方法绘制右侧连接线段，如图 7-60b 所示。

3. 约束连接线段的相等和对称关系

给左上侧和右上侧的两圆弧添加相等关系，给两条竖线添加相对于中间作图基准线的对称关系，如图 7-60c 所示。

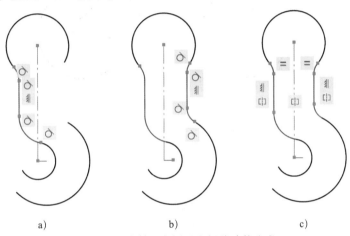

a)　　　　　　　　　　b)　　　　　　　　　c)

图 7-60　绘制 3 段圆弧之间的连接线段

a）绘制左侧连接线段并添加几何约束　b）绘制右侧连接线段并添加几何约束

c）约束连接线段的相等和对称关系

4. 给两条连接线段添加标注约束

根据图 7-57 所示尺寸，给左上侧或右上侧圆弧添加"半径"约束，给两条竖线添加"竖直"约束，给下侧的两段圆弧添加"半径"约束，如图 7-61 所示。

五、绘制左下侧的 3 段圆弧

1. 绘制 3 段圆弧并添加"相切"约束

利用"三点"命令绘制 3 段圆弧，然后根据图 7-57 所示图形的形状添加"相切"约束，如图 7-62a 所示。

2. 给左下侧圆弧的圆心添加与水平作图基准线的"水平"约束

（1）单击"参数化"→"几何"→"水平"按钮 ⚏，

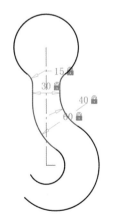

图 7-61　给两条连接线段
添加标注约束

启动"水平"约束命令。

（2）单击水平基准线上的任意一个夹点。

（3）按"Ctrl＋鼠标右键"打开临时捕捉快捷菜单，单击"圆心（C）"命令（见图 7-63）。

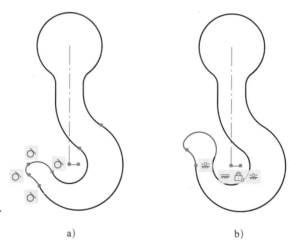

a)   b)

图 7-62　绘制左下侧的 3 段圆弧

a）绘制 3 段圆弧并添加"相切"约束　b）给左下侧圆弧的圆心添加与水平作图基准线的"水平"约束

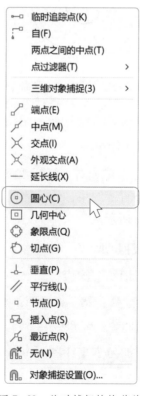

图 7-63　临时捕捉快捷菜单

（4）单击左下侧圆弧，给左下侧圆弧的圆心添加与水平作图基准线的"水平"约束，如图7-62b所示。

小贴士

在使用"几何"和"标注"约束命令时，若需要拾取圆弧的圆心，必须按"Ctrl＋鼠标右键"打开临时捕捉快捷菜单，单击"圆心（C）"按钮，然后拾取圆弧轮廓线，而不是圆心。

3. 给3段圆弧添加"半径"标注约束

给3段圆弧添加"半径"标注约束，如图7-64a所示。

4. 给"R40"圆弧的圆心添加"竖直"标注约束

（1）选择"R40"圆弧，单击其圆心，向下拖动光标，使"R40"圆弧的圆心移动到水平基准线下侧适当位置，如图7-64b所示。

（2）单击"参数化"→"标注"→"竖直"按钮 ，启动"竖直"标注约束命令。

（3）单击水平基准线上的某一个夹点。

（4）按"Ctrl＋鼠标右键"打开临时捕捉快捷菜单，单击"圆心（C）"命令。

（5）单击"R40"圆弧，给其圆心添加竖直方向上的标注约束，如图7-64c所示。

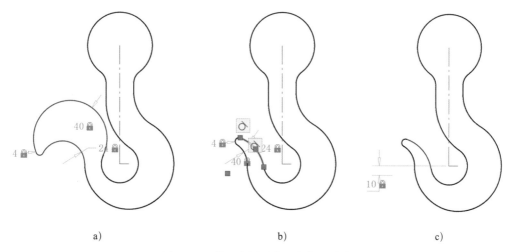

图7-64　给3段圆弧段添加标注约束

a）给3段圆弧添加"半径"标注约束　b）向下拖动"R40"圆弧的圆心

c）给"R40"圆弧的圆心添加"竖直"标注约束

六、绘制"φ36"圆

启动"圆心、半径"绘制圆命令，绘制"φ36"圆，如图 7-65 所示。

七、整理对称中心线

1. 删除作图基准线的几何约束，在"约束设置"对话框中的"几何"选项卡下取消勾选"推断几何约束（I）"复选框。

2. 分别拖动两条对称中心线的夹点到适当位置。

3. 将"细点画线"图层设置为当前图层，利用"直线"命令，补画缺少的对称中心线。

4. 单击"默认"→"修改"→"打断于点"按钮 ⬚，启动"打断于点"命令。在对称中心线的适当位置单击，整理对称中心线。

整理对称中心线的结果如图 7-65 所示。至此，吊钩绘制完毕。

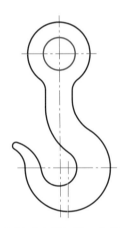

图 7-65　绘制"φ36"圆，整理对称中心线

项目八
综合实训

任务一　绘制零件图

学习目标

1. 了解绘制零件图的一般方法和步骤。
2. 培养综合运用各种 AutoCAD 命令绘制机械图样的能力。

任务描述

　　表达零件的形状结构、尺寸和技术要求的图样称为零件图。图 8-1 所示为齿轮减速器上输出轴的零件图。本任务以绘制该零件图为例介绍用 AutoCAD 2023 绘制零件图的一般方法和步骤。

任务实施

一、分析图样

　　在输出轴零件图上，有表达形状的主视图和两个断面图，有表达零件大小的尺寸，有在图上标注的尺寸公差、几何公差和表面结构符号等，还有用文字书写的技术要求，以及标题栏等内容。

　　绘制零件图的一般步骤如下。

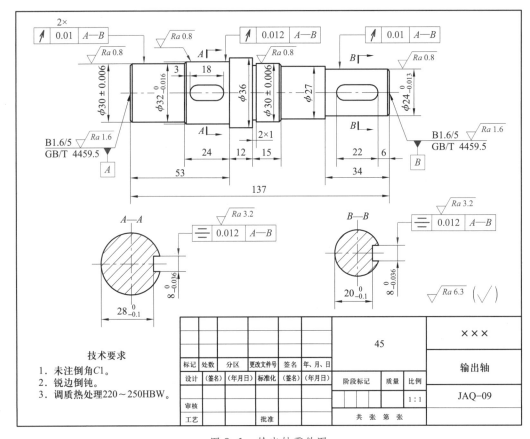

图 8-1　输出轴零件图

1. 确定绘图比例和图幅。

2. 创建图形文件。

3. 绘制图形。

4. 标注尺寸。

5. 标注尺寸公差、几何公差和表面结构符号。

6. 标注用文字说明的技术要求。

7. 填写标题栏。

8. 校核、修改全图。

二、绘制图框和标题栏

1. 新建图形文件

打开"制图样板"，新建图形文件。

2. 选择绘图比例和图幅

为方便绘图，一般情况下优先选用 1∶1 的绘图比例。根据图 8-1 中所标注的总体尺寸，综合考虑其他图形所用幅面，可选用 A4（297 mm×210 mm）幅面，长边置于水平方向。

3. 绘制图框

A4 幅面的图框格式及尺寸如图 8-2 所示，其他幅面的图框格式可以查阅国家标准《技术制图　图纸幅面和格式》（GB/T 14689—2008）。按照图 8-2 所示形状和尺寸绘制图框，如图 8-3 所示。

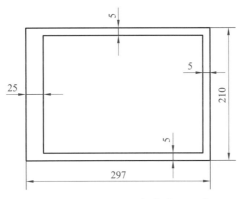

图 8-2　A4 幅面的图框格式及尺寸

4. 绘制标题栏

复制图 5-48 所示标题栏，放置在图框的右下角，如图 8-3 所示。

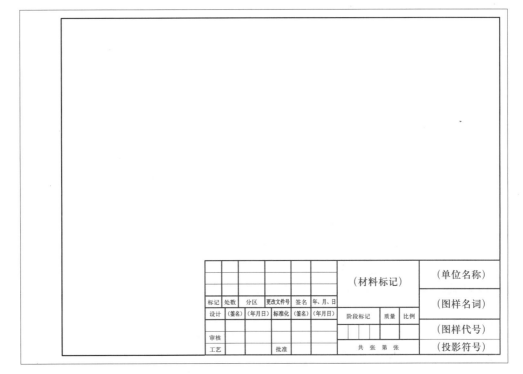

图 8-3　绘制标题栏

三、绘制图形

绘制图形时，即可以在图框内绘制，也可以在图框外绘制完成后再移动到图框内。绘制图形的方法有很多，绘图时应综合应用前面所学绘图方法，优化绘图步骤。

1. 绘制轴线

（1）单击"默认"→"特性"右侧的斜箭头 ↘，弹出"特性"对话框。在"常规"选项卡中将线型比例修改为"0.3"。

（2）将"细点画线"图层设置为当前图层，绘制一条水平方向的细点画线，长度为147 mm，如图8-4所示。

2. 绘制主视图的主要外轮廓

（1）将"粗实线"图层设置为当前图层。启动"矩形"命令，按照图8-1所示尺寸绘制一组矩形，如图8-4所示。

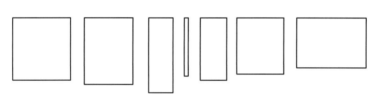

图8-4　绘制轴线和主视图的主要外轮廓

（2）将各矩形移动到轴线上，并将其拼合在一起，如图8-5所示。

3. 绘制主视图上的键槽

（1）绘制左侧键槽

启动"多段线"命令，绘制键槽，按照图8-1所示尺寸绘制左侧键槽，如图8-6所示。

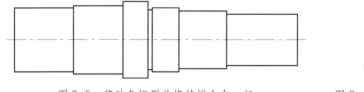

图8-5　移动各矩形并将其拼合在一起

图8-6　绘制左侧键槽

（2）绘制右侧键槽

先使用"复制"命令复制出一个左侧键槽，再使用"分解"命令分解多段线为4条线段，然后单击"默认"→"修改"→"拉伸"按钮 ⊡，系统给出以下提示：

命令 : _stretch

以交叉窗口或交叉多边形选择要拉伸的对象 …

选择对象 : 指定对角点 : 找到 3 个　　　　　// "窗交"选择（也可以"窗口"选择

　　　　　　　　　　　　　　　　// 但不能"点"选择）右侧圆弧和两条直线（见图 8-7a）

选择对象 :　　　　　　　　　　　　　// 按回车键结束选择

指定基点或 [位移 (D)] < 位移 >:　　　　// 在屏幕上任意指定一点作为基点

指定第二个点或 < 使用第一个点作为位移 >: 4

　　　　　　　　　　// 向右移动光标，输入"4"（见图 8-7b），按回车键

拉伸键槽的结果如图 8-7c 所示。

a)　　　　　　　　　　　　　　b)　　　　　　　　　　　　c)

图 8-7　拉伸键槽

a）选择拉伸对象　b）向右移动光标，输入"4"　c）拉伸结果

（3）移动键槽

使用"移动"命令，将键槽移动到图 8-5 所示图形上，其位置要符合图 8-1 中的尺寸要求，如图 8-8 所示。

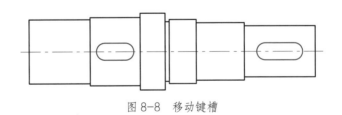

图 8-8　移动键槽

4. 绘制断面图

（1）绘制 A—A 断面图

1）启动"圆心、半径"绘制圆命令，绘制一个直径为 32 mm 的圆，如图 8-9a 所示。

2）单击"默认"→"绘图"→"多边形"按钮 ⌂ ，启动"多边形"命令，绘制一个正方形，系统给出以下提示：

命令：_polygon

输入侧面数 <4>:   // 按回车键，默认正多边形的边数为 "4"

指定正多边形的中心点或 [边 (E)]: 16

        // 捕捉 "φ 32" 圆的圆心，向右移动光标，输入 "16"，按回车键

输入选项 [内接于圆 (I)/ 外切于圆 (C)] <C>:

        // 按回车键，默认 "外切于圆（C）"

指定圆的半径 : 4   // 输入内切圆的半径值 "4"，按回车键

正方形的绘制结果如图 8-9a 所示。

3）启动 "修剪" 命令，修剪多余图线，如图 8-9b 所示。

4）将 "细点画线" 图层设置为当前图层。使用 "直线" 命令绘制断面图的对称中心线，如图 8-9c 所示。

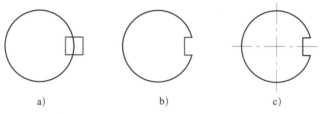

图 8-9　绘制 *A—A* 断面图

a）绘制圆和正方形　b）修剪多余图线　c）绘制对称中心线

（2）绘制 *B—B* 断面图

1）复制 *A—A* 断面图（见图 8-9c），给图形添加自动约束，如图 8-10a 所示。

2）添加键槽相对于水平对称中心线的对称约束，如图 8-10b 所示。

3）利用尺寸约束命令约束断面图轮廓线的尺寸与图 8-1 一致，如图 8-10c 所示。

4）通过编辑夹点，适当缩短对称中心线，如图 8-10d 所示。完成图形编辑后可删除或隐藏约束。

（3）绘制剖面线

将 "细实线" 图层设置为当前图层，单击 "默认" → "绘图" → "图案填充" 按钮 ▨，打开 "图案填充创建" 对话框，如图 8-11 所示。图案选择 "ANSI31"，图案填充比例设置为 "1.3"。在 *A—A* 断面图的轮廓线内单击，然后按回车键结束 "图案填充" 命令，填充结果如图 8-12a 所示。

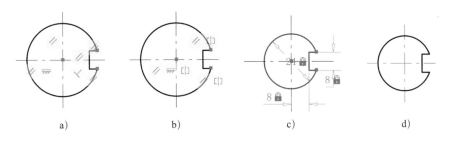

图 8-10　绘制 *B—B* 断面图

a）添加自动约束　b）给键槽添加对称约束　c）几何约束轮廓线　d）编辑对称中心线

图 8-11　在"图案填充创建"对话框中设置剖面线参数

（4）重启"图案填充"命令，给 *B—B* 断面图填充剖面线，如图 8-12b 所示。

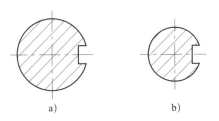

图 8-12　填充剖面线

a）给 *A—A* 断面图添加剖面线　b）给 *B—B* 断面图添加剖面线

5. 绘制图形小结构

图形小结构是指图形上的倒角和圆角，一般在图形基本绘制完成后再绘制图形小结构。

启动"倒角"命令，在主视图上进行倒角；启动"直线"命令，绘制倒角后新增的轮廓线，如图 8-13 所示。

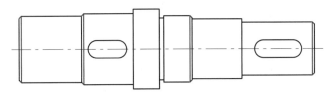

图 8-13　绘制倒角及轮廓线

6. 布置图形，标注断面图

（1）检查图形绘制是否正确。

（2）删除几何约束和标注约束。

（3）调整图形在图框中的位置，如图 8-14 所示。

（4）标注断面图的剖切符号和断面图名称。

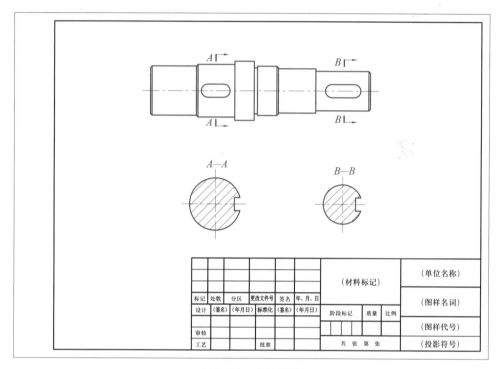

图 8-14　布置图形

四、标注尺寸及公差

1. 修改尺寸标注样式

在使用项目四任务一创建的"制图样板"时，往往需要根据实际情况进行修改，如尺寸样式中的箭头大小和文字高度皆为 5 mm，适合标注简单图形上的尺寸。图 8-1 上需要标注的内容较多，尺寸数字的高度和箭头不宜太大，可采用 3.5 mm。下面以修改"线性尺寸"标注样式为例介绍修改尺寸标注样式的方法和步骤。

（1）单击"默认"→"注释"→"标注样式"按钮 ⊢◁，打开"标注样式管理器"对话框，如图 8-15 所示。

（2）在"样式（S）"栏中选择"线性尺寸"，单击"修改（M）..."按钮，打开"修改标注样式：线性尺寸"对话框。在"符号和箭头"选项卡中将"箭头大小（I）"修改为 3.5 mm，如图 8-16 所示。

（3）切换到"文字"选项卡，将"文字高度（T）"修改为 3.5 mm，如图 8-17 所示。

（4）修改完毕单击"确定"按钮。

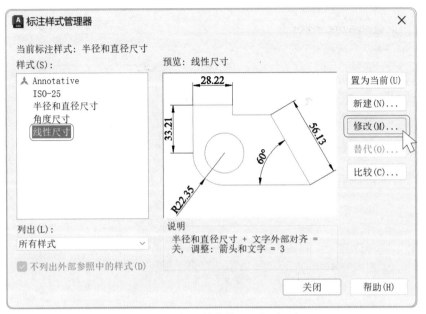

图 8-15　"标注样式管理器"对话框

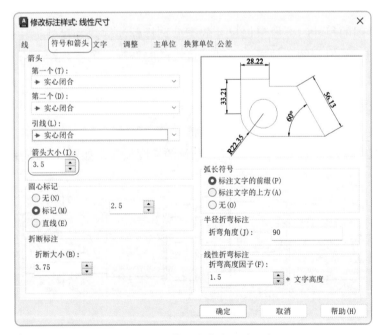

图 8-16　"符号和箭头"选项卡

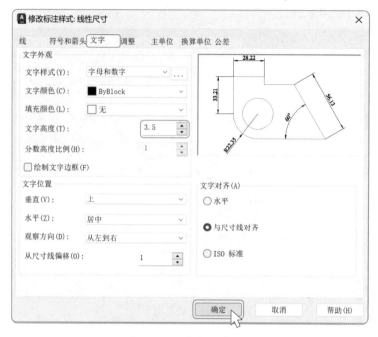

图 8-17 "文字"选项卡

2. 标注尺寸

标注零件图的尺寸时，要根据尺寸的类型选择标注样式和尺寸标注命令。在标注尺寸的过程中，若发现图形位置不合适，可以随时调整；若发现绘图有错误，要及时修改。标注输出轴尺寸的步骤如下。

（1）标注轴颈的长度尺寸

将"细实线"图层设置为当前图层，将"线性尺寸"标注样式设置为当前标注样式，启动"线性"尺寸标注命令，标注各轴颈的长度尺寸，如图 8-18 所示。

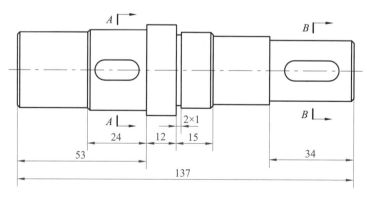

图 8-18 标注轴颈的长度尺寸

（2）标注各轴颈的直径尺寸

重启"线性"尺寸标注命令，标注各轴颈的直径尺寸。标注时可以先标注尺寸，然后双击尺寸数字，再在尺寸数字前添加直径符号"ϕ"，标注结果如图 8-19 所示。

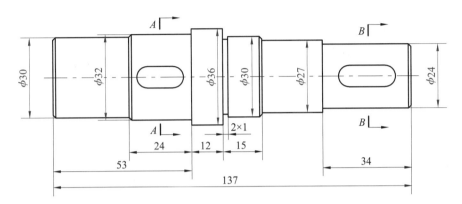

图 8-19 标注各轴颈的直径尺寸

（3）标注键槽的尺寸

标注两个键槽的定形尺寸和定位尺寸，如图 8-20 所示。

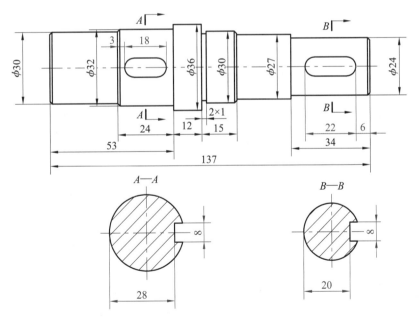

图 8-20 标注键槽的尺寸

（4）标注中心孔的标记

1）在命令行输入"LE"后按回车键，启动"快速引线"命令。

2）拾取左侧轮廓线与对称中心线的交点，先向左下移动光标单击鼠标左键，再水平向左移动光标单击水平左键，按 Esc 键终止"快速引线"命令。左侧引线的绘制结果如图 8-21 所示。

3）重启"快速引线"命令，绘制右侧引线，如图 8-21 所示。

4）单击"默认"→"注释"→"多行文字"按钮 **A**，启动"多行文字"命令，在左侧引线上输入中心孔的标记。文字样式选择"字母和数字"，将文字高度设置为"3.5"，文字对正方式选择"左中"。输入完成后，移动文字，使文字的夹点与横线的左端对齐，如图 8-21 所示。

5）复制中心孔的标记，将其粘贴到右侧引线上，如图 8-21 所示。

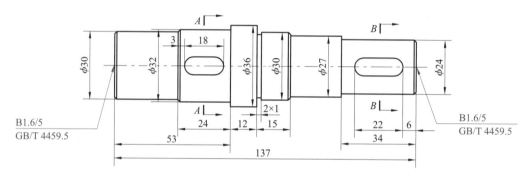

图 8-21　标注中心孔的标记

3．标注尺寸公差

在图 8-1 所示的输出轴零件图上需要标注尺寸公差的尺寸有"$\phi 30 \pm 0.006$"（两处）、"$\phi 32_{-0.016}^{0}$""$\phi 24_{-0.013}^{0}$""$8_{-0.036}^{0}$"（两处）、"$28_{-0.1}^{0}$"和"$20_{-0.1}^{0}$"等。下面以标注"$\phi 32_{-0.016}^{0}$"为例介绍标注尺寸公差的方法和步骤。

（1）双击尺寸"$\phi 32$"，同时系统打开"文字编辑器"对话框，文字处于可编辑状态。

（2）将光标移到数字的末端，先按一次空格键（见图 8-22a），然后输入"0^-0.016"。

（3）选中空格和"0^–0.016"（见图 8-22b）。

（4）单击"文字编辑器"→"格式"→"堆叠"按钮 ᵇ/ₐ（见图 8-23），将"0^-0.016"修改为"$_{-0.016}^{0}$"（见图 8-22c），在空白处单击，完成尺寸公差的标注，如图 8-22d 所示。

此时，光标变为选择光标 □（见图 8-22d），单击需要添加尺寸公差的尺寸，即可标注尺寸公差。其他尺寸公差的标注方法不再赘述，标注结果如图 8-24 所示，在标注尺寸时也可以同时完成尺寸公差的标注及添加直径符号。

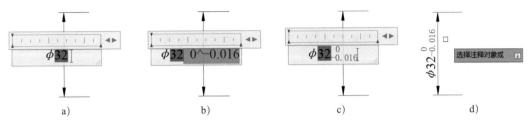

图 8-22　标注尺寸公差

a）按一次空格键　b）选中空格和"0^-0.016"

c）堆叠成上下极限偏差　d）完成尺寸公差的标注

图 8-23　单击"堆叠"按钮

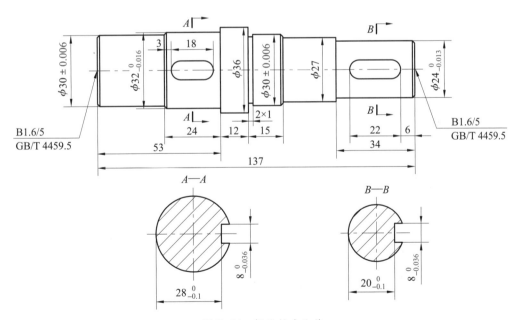

图 8-24　标注尺寸公差

五、标注几何公差和基准

1. 复制几何公差的特征符号和基准符号

（1）选择配套资源中的"\AutoCAD 2023 基础与应用素材库\项目八素材\"文件夹，打开几何公差特征符号和基准符号源文件，如图 8-25 所示。

（2）选择对称度、圆跳动的特征符号（包括外框线）和基准符号，按"Ctrl+C"键复制对象。

（3）切换到正在绘制的输出轴零件图，按"Ctrl+V"键，在屏幕上出现随光标移动的被复制的对象，在空白处单击完成复制，如图 8-26 所示。

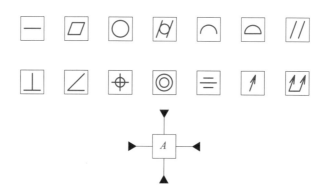

图 8-25　几何公差特征符号和基准符号源文件

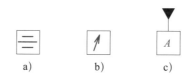

图 8-26　复制特征符号（包括外框线）和基准符号
a）对称度的特征符号　b）圆跳动的特征符号　c）基准符号

2. 创建几何公差框格及符号

（1）创建"$\phi 30 \pm 0.006$"轴颈的径向圆跳动公差框格及符号

径向圆跳动公差框格由三个框格组成（见图 8-1），第一格标注几何公差特征符号，第二格标注公差值，第三格标注基准（字母）。

1）启动"矩形"命令，在圆跳动特征符号框线（第一格）的右侧绘制第二格；重启"矩形"命令，在第二格右侧绘制第三格。矩形的高度要与左侧几何公差特征符号的框格相同（是文字高度的两倍），长度应与标注内容的长度相适应，如图 8-27a 所示。

2）填写公差值和表示基准的字母，如图 8-27a 所示。

3）在框格上方标注"2×"，表示同样的几何公差有两处，右侧"φ30±0.006"轴颈的径向圆跳动公差省略标注。

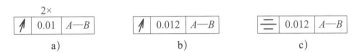

图 8-27 创建几何公差框格及符号

a）"φ30±0.006"轴颈的径向圆跳动公差框格及符号　b）"φ32 $_{-0.016}^{0}$"轴颈的径向圆跳动公差框格及符号

c）两处键槽的对称度公差框格及符号

（2）创建其他几何公差框格及符号

用同样的方法创建其他几何公差框格及符号，如图 8-27b、图 8-27c 所示。

3. 标注几何公差

（1）在命令行输入"LE"，启动"快速引线"命令，绘制几何公差的引线，如图 8-28 所示。

（2）利用"移动"或"复制"命令标注几何公差，如图 8-28 所示。

4. 标注基准符号

（1）将图 8-26c 所示的基准符号移动到左侧的中心孔标记的基准线上，如图 8-28 所示。

（2）复制基准符号，将其粘贴到右侧的基准线上，将字母修改为"B"，如图 8-28 所示。

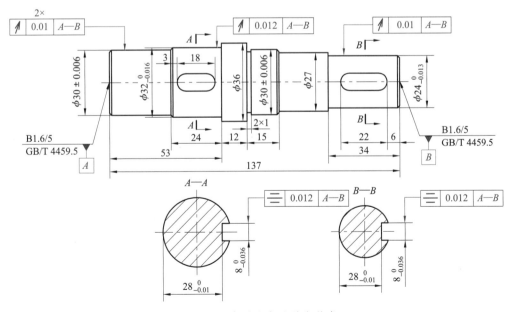

图 8-28 标注几何公差和基准

六、标注表面结构符号

1. 复制图块对象

复制图 6-43 中的表面结构符号 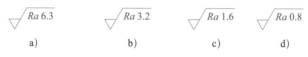，将其粘贴到正在绘制的输出轴零件图的空白处，如图 8-29a 所示。在粘贴块对象的同时，块也被作为内部块粘贴到当前文件中，如图 8-30 所示。

√ Ra 6.3	√ Ra 3.2	√ Ra 1.6	√ Ra 0.8
a)	b)	c)	d)

图 8-29 创建表面结构符号

a）未注表面的表面结构符号 b）Ra 为 "3.2" c）Ra 为 "1.6" d）Ra 为 "0.8"

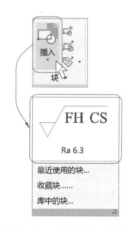

图 8-30 表面结构内部块

2. 缩放表面结构符号

图 6-43 中的表面结构符号是按表面粗糙度参数的文字高度为 5 mm 绘制的，本零件图中尺寸数字的文字高度为 3 mm，所以需要对表面结构符号进行缩放。

单击 "默认" → "修改" → "缩放" 按钮 ⬚，启动 "缩放" 命令，系统给出以下提示：

命令：_scale 找到 8 个   // 选择图 8-29a 所示的表面结构符号

指定基点：   // 在符号附近任意位置单击

指定比例因子或 [复制 (C)/ 参照 (R)]: R   // 输入 "R"，选择 "参照（R）" 选项

指定参照长度 <501.7746>: 5   // 输入缩放前字体的高度 "5"，按回车键

指定新的长度或 [点 (P)] <210.0000>: 3

                                         // 输入缩放后字体的高度 "3"，按回车键

执行以上命令后，表面结构符号按"3∶5"的比例缩小。

3. 复制块

在输出轴零件图的图形上标注的表面结构符号共有 3 种，其 Ra 值分别为 "0.8""1.6"和"3.2"。复制 3 个"$Ra\,6.3$"块。

4. 修改 Ra 值

（1）双击 3 个块中任意一个图块，打开"增强属性编辑器"对话框，将参数的值修改为"3.2"（见图 8–31）。修改后的结果如图 8–29b 所示。

（2）用同样的方法将其他两个表面结构符号的 Ra 值分别修改为"1.6"和"0.8"，如图 8–29c、图 8–29d 所示。

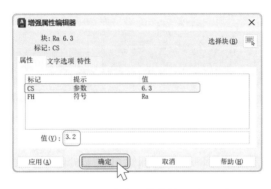

图 8–31 修改表面结构符号的 Ra 值

小贴士

将内部块转换为外部块的方法

为方便今后作图，可将内部块转化为外部块，操作步骤如下。

① 在桌面上新建文件夹，将文件夹命名为"机械制图块文件库"。

② 单击"插入"→"块定义"→"写块"按钮，系统弹出"写块"对话框，如图 8–32 所示。

③ 先勾选"块（B）"单选框，然后单击右侧的"内部块"列表框，选择"$Ra\,6.3$"块，如图 8–32 所示。

④ 单击"文件名和路径（F）"右侧的选择路径按钮，打开"浏览图形文件"对话框，设置外部块的保存位置为桌面上的"机械制图块文件库"文件夹（见图 8–32），文件名为"$Ra\,6.3$.dwg"。

⑤ 单击"确定"按钮，可将内部块保存为外部块。

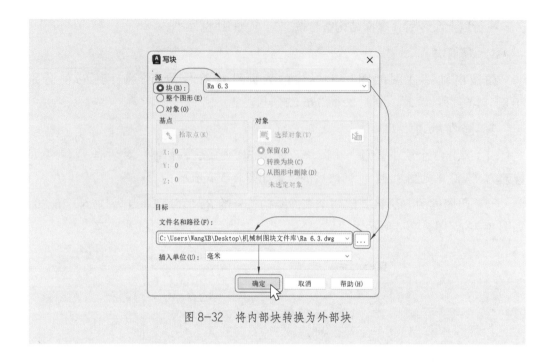

图 8-32 将内部块转换为外部块

5. 标注表面结构符号

将图 8-29 所示的表面结构符号复制到输出轴零件图上，如图 8-33 所示。在插入表面结构符号时，若无法直接标注在轮廓线上，可采用引出标注的形式；若之前绘制的图形、标注的尺寸和几何公差等位置不合适，要做适当调整。在输出轴上，多数表面的表面结构符号是 $\sqrt{Ra\,6.3}$，其表面结构符号统一标注在标题栏附近，并在后面的括号内给出无任何其他标注的基本符号"$\sqrt{}$"，如图 8-33 所示。

七、填写文字技术要求和标题栏

用文字描述的技术要求有四项，标注在图纸左下角的空白处，如图 8-34 所示。

本零件图标题栏中的材料标记、单位名称、图样名称、图样代号等文字的高度为 5 mm，其他文字高度为 3.5 mm，如图 8-34 所示。

八、校核、修改

校核的主要目的是检查图样中的错误，以保证所绘图样正确、完整、清晰、合理。检查图 8-34 时不难发现，主视图上多处轴颈的直径尺寸的尺寸数字与轴线相交，按规定应该把轴线在尺寸数字处断开，修改结果如图 8-1 所示。

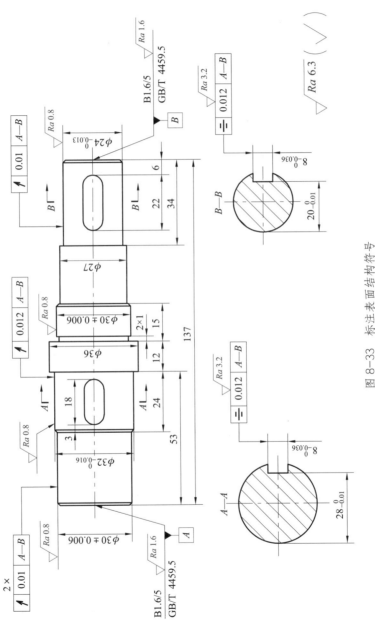

图 8-33　标注表面结构符号

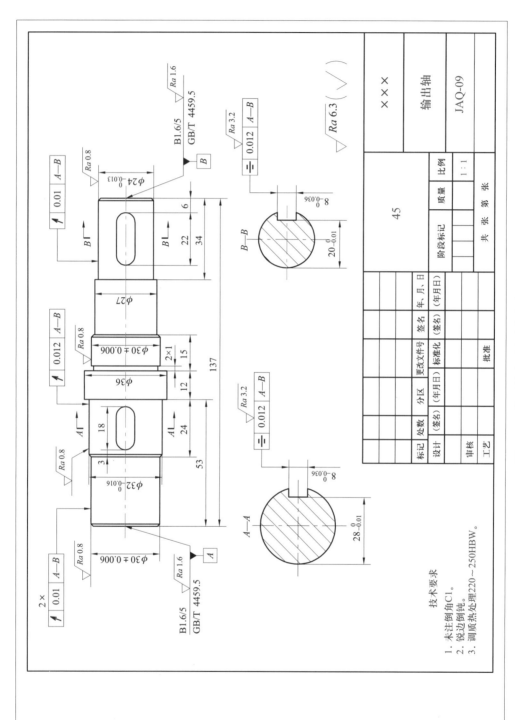

图 8-34　填写技术要求和标题栏

任务二　绘制装配图

了解根据零件图绘制装配图的一般方法和步骤，培养综合运用各种 AutoCAD 命令绘制装配图的能力。

装配图是表达机器或部件的图样，主要用来表示机器、部件的工作原理、各零件间的相对位置和装配连接关系。本任务以绘制图 8-35a 所示旋塞阀装配图为例，介绍根据零件图绘制装配图的方法和步骤。

一、分析图样

图 8-35 所示旋塞阀是管路中一种常用的阀门，由 6 种零件组成。阀杆 6 与阀体 3 为圆锥面配合，阀杆 6 可在阀体内旋转；阀盖 5 通过填料 2、垫圈 1 将阀杆 6 压紧在阀体 3 上；阀杆 6 与阀体 3 之间用螺栓 4 连接；阀体 3 用螺纹连接在管路上。图 8-35 显示的是旋塞阀开启的位置，当阀杆旋转 90° 后，阀门关闭。本任务以绘制旋塞阀装配图为例分析绘制装配图的一般方法和步骤。

绘制装配图的一般步骤如下。

1. 绘制图形。

2. 校核图形。

3. 标注尺寸。

4. 编写零件序号。

5. 标注技术要求，绘制并填写标题栏和明细栏。

6. 整理图形，检查、校核全图。

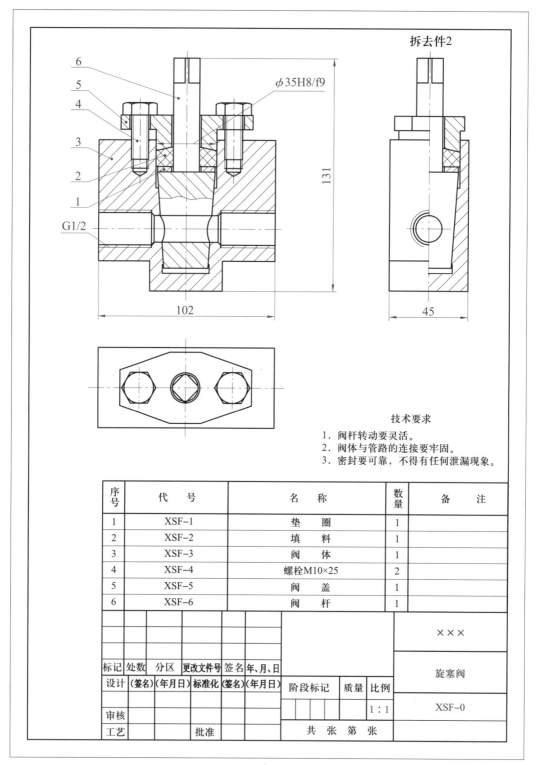

技术要求
1. 阀杆转动要灵活。
2. 阀体与管路的连接要牢固。
3. 密封要可靠，不得有任何泄漏现象。

序号	代　号	名　　称	数量	备　注
1	XSF-1	垫　圈	1	
2	XSF-2	填　料	1	
3	XSF-3	阀　体	1	
4	XSF-4	螺栓M10×25	2	
5	XSF-5	阀　盖	1	
6	XSF-6	阀　杆	1	

							×××
标记	处数	分区	更改文件号	签名	年、月、日		旋塞阀
设计	(签名)	(年月日)	标准化	(签名)	(年月日)	阶段标记　质量　比例	
审核						1：1	XSF-0
工艺			批准			共　张　第　张	

a)

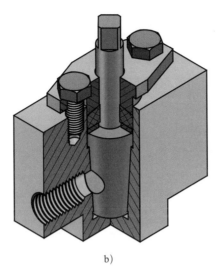

b)

图 8-35　旋塞阀

a）装配图　b）立体图

二、绘制图形

1. 新建图形文件

打开"制图样板"，新建图形文件。单击快速访问工具栏中的"保存"按钮 🖫 ，将图形文件保存在桌面上，文件名为"旋塞阀装配图"。

2. 粘贴阀体

（1）选择配套资源中的"\AutoCAD 2023 基础与应用素材库\项目八素材\"文件夹，打开阀体零件图，如图 8-36 所示。

（2）单击"默认"→"图层"面板上方的"图层"列表框，在打开的下拉列表中单击"标注"图层的"开/关"图层按钮 💡（见图 8-37），关闭"细实线"图层，则屏幕上不显示"细实线"图层上的对象。

（3）选择图形（不包括尺寸和剖面线），按"Ctrl+C"键复制图形。

（4）切换到新建图形文件中，按"Ctrl+V"键，将复制的图形粘贴到空白处，如图 8-38 所示。

 小贴士

　　装配图与零件图尺寸标注的要求不同，装配图上的剖面线与零件图往往不一致，因此在零件图上复制图形时，一般不复制尺寸和剖面线；若无意中复制了尺寸和剖面线，可在粘贴图形后将其删除。

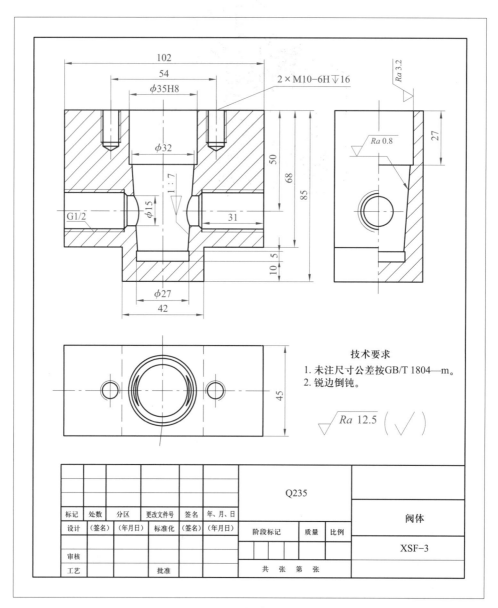

图 8-36　阀体零件图

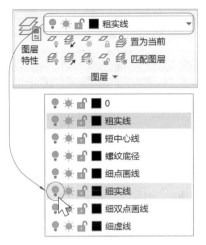

图 8-37　关闭"细实线"图层

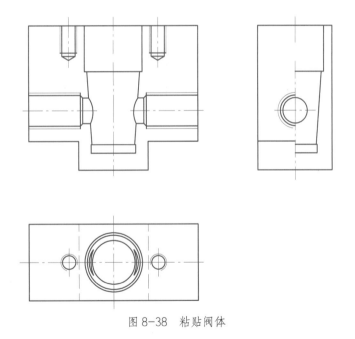

图 8-38　粘贴阀体

3. 插入阀杆

（1）复制阀杆

1）选择配套资源中的"\AutoCAD 2023基础与应用素材库\项目八素材\"文件夹，打开阀杆零件图，如图 8-39 所示。

2）复制阀杆的图形，切换到装配图中，将其粘贴在空白处，如图 8-40 所示。

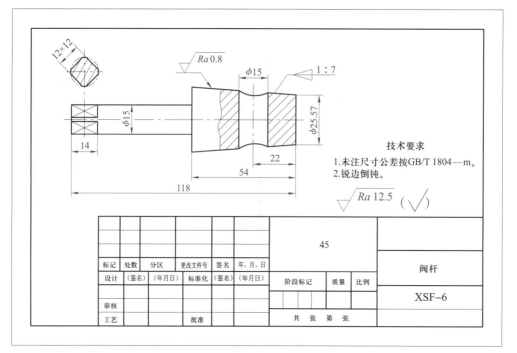

图 8-39　阀杆零件图

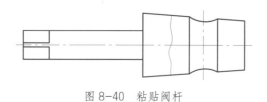

图 8-40　粘贴阀杆

（2）绘制阀杆的左视图

1）将阀杆的主视图沿顺时针方向旋转 90°，使其方向与图 8-35a 一致，如图 8-41 所示。

2）绘制阀杆的左视图，如图 8-41 所示。绘图时，杆部和阀芯外形等与主视图相同的结构可进行复制。

（3）移动阀杆

1）启动"移动"命令，选择阀杆的主视图。

2）拾取竖轴线与孔轴线（横轴线）的交点作为移动基点。

3）移动光标，捕捉阀体主视图的相应位置，然后单击鼠标左键，将阀杆的主视图插入阀体的主视图中，如图 8-42 中主视图所示。

4）用同样的方法在阀体左视图中插入阀杆的左视图，如图 8-42 中左视图所示。

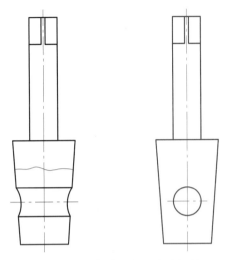

图 8-41　阀杆的主视图和左视图

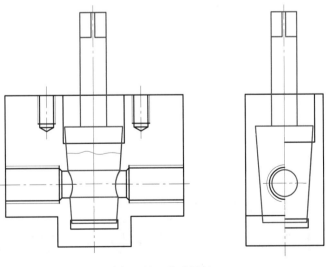

图 8-42　移动阀杆

4. 插入阀盖

（1）复制阀盖

1）选择配套资源中的"\AutoCAD 2023 基础与应用素材库\项目八素材\"文件夹，打开阀盖零件图，如图 8-43 所示。

2）复制阀盖的图形，切换到装配图中，将其粘贴在空白处，如图 8-44 所示。

（2）补画阀盖的左视图

根据主视图和俯视图，补画左视图。为减少后期修改，左视图后半部分绘制外形图，剖面线暂时不画，如图 8-44 所示。

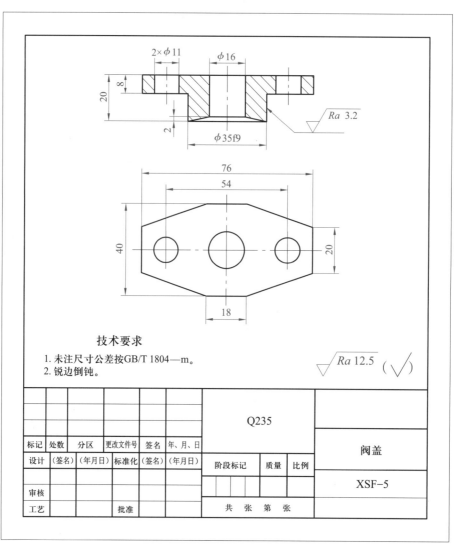

图 8-43　阀盖零件图

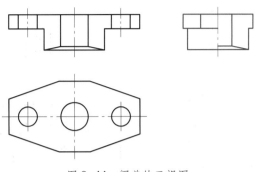

图 8-44　阀盖的三视图

（3）插入阀盖

将阀盖的主视图、俯视图和左视图分别插入装配图中，注意保证阀盖盖板下表面与阀体上表面保持 6 mm 的距离。

1）单击"默认"→"修改"→"移动"按钮 ✛，启动"移动"命令，系统给出以下提示：

命令 :_move

选择对象 : 指定对角点 : 找到 20 个　　　　　　　　// 选择阀盖主视图（见图 8-45a）

选择对象 :　　　　　　　　　　　　　　　　　// 按回车键结束选择

指定基点或 [位移 (D)] < 位移 >:

　　　　　　　// 拾取盖板下表面与对称中心线的交点作为复制基点（见图 8-45b）

指定第二个点或 < 使用第一个点作为位移 >: 6

　　　　　　　　// 先捕捉阀体上表面与对称中心线的交点（见图 8-45c）

　　　　　　　　// 再竖直向上移动光标，输入"6"（见图 8-45d），按回车键

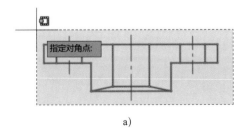

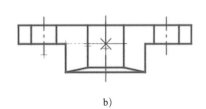

a)　　　　　　　　　　　　　　　　　　　　　b)

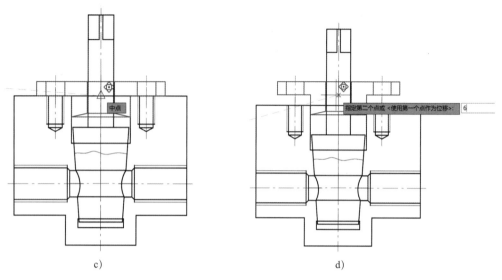

c)　　　　　　　　　　　　　　　d)

图 8-45　插入阀盖的主视图

a）选择阀盖主视图　b）拾取复制基点　c）捕捉阀体上表面与对称中心线的交点　d）拾取粘贴基点

2）重启"移动"命令，将阀盖的左视图插入装配图中，如图 8-46 所示。

3）删除俯视图上被其他零件遮挡的轮廓线及 2 条细虚线，如图 8-46 中俯视图所示。

4）启动"移动"命令，将阀盖的俯视图插入装配图中，如图 8-47 所示。

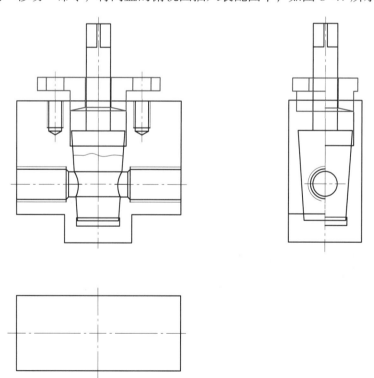

图 8-46　插入阀盖的左视图，删除俯视图上的多余轮廓线及细虚线

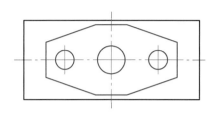

图 8-47　插入阀盖后的俯视图

5. 插入螺栓

（1）选择配套资源中的"\AutoCAD 2023 基础与应用素材库\项目八素材\"文件夹，打开螺栓与垫圈的图样，如图 8-48 所示。

螺栓M10×25　GB/T 5781—2016

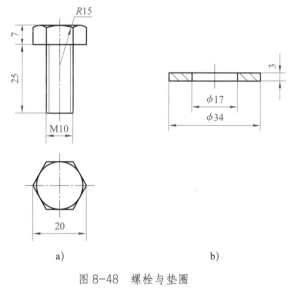

a)　　　　　　　　　　　　　　b)

图 8-48　螺栓与垫圈

a）螺栓　b）垫圈

（2）从源文件中复制螺栓的图形到装配图的空白处。

（3）分别将螺栓主视图、俯视图复制到装配图的相应位置。

插入螺栓后的绘制结果如图 8-49 所示。

6. 整理图形

在插入零件图形的过程中，许多零件的轮廓因插入其他零件而变为不可见，需要修剪其轮廓线。此外，还需要清理重叠的图线，需要调整距离特别近的图线，需要修改不规范的图线。

（1）删除俯视图上与螺栓重叠的两个小圆。

（2）启动"修剪"命令，修剪主视图和左视图上的多余轮廓线。

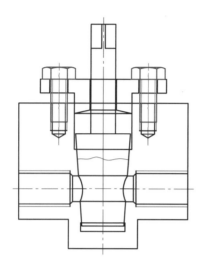
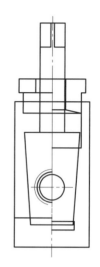
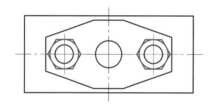

图 8-49　插入螺栓后的绘制结果

（3）通过编辑夹点，调整主视图上螺孔被遮挡部分的螺纹大径线和小径线。

（4）阀盖上 3 个孔的轮廓线与阀杆和螺杆的轮廓线之间的距离太小（实际距离为 0.5 mm），影响图形的清晰度，可将阀盖孔的轮廓线向外移动 0.5 mm。同时，注意调整其他相关图线的长度和位置。

 小贴士

　　国家标准规定：除非另有规定，两条平行线之间的最小间隙不得小于 0.7 mm。

（5）在插入图形的过程中，图线重叠现象非常多，删除重叠的图线可以使用"删除重复对象"命令。使用"删除重复对象"命令前，要对图形中的块进行分解，解除编组。

1）单击"默认"→"修改"→"删除重复对象"按钮 ，启动"删除重复对象"命令。

2）选择 3 个视图上的所有对象，按回车键。

3）系统弹出"删除重复对象"对话框，如图 8-50 所示。

4）勾选"合并局部重叠的共线对象（V）""合并端点对齐的共线对象（E）"复选框，单击"确定"按钮（见图 8-50）。

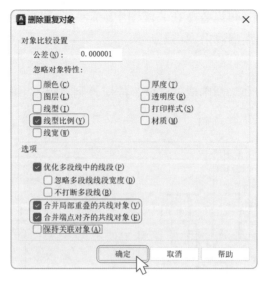

图 8-50　"删除重复对象"对话框

整理图形后的结果如图 8-51 所示。

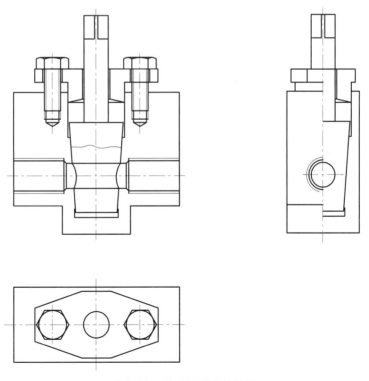

图 8-51　整理图形后的结果

7. 绘制垫圈和填料

（1）绘制垫圈

垫圈结构比较简单，可以直接在装配图中绘制，绘图时主要图线之间的最小距离应大于等于 1 mm，绘制结果如图 8-52 所示。

（2）绘制填料

填料为阀杆、阀盖和垫圈围成的区域，故应该删除阀盖下侧的轮廓线，如图 8-52 所示。

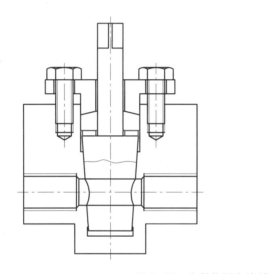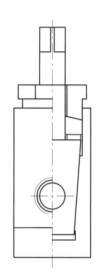

图 8-52　绘制垫圈和填料

8. 检查图形

主要从以下几个方面对图形进行检查。

（1）图中有无多余的图线，有无漏画的结构和图线。

（2）图形是否符合投影规律。

（3）线型是否正确。

校核图 8-52 可以发现，俯视图上漏画了阀杆的轮廓线。补画阀杆的轮廓线，并将阀盖上孔的轮廓圆直径扩大 0.5 mm，如图 8-53 所示。

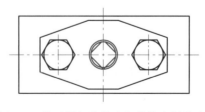

图 8-53　补画阀杆的轮廓线并扩大阀盖孔径

9. 填充剖面线

将"细实线"图层设置为当前图层，分别在 3 个视图上填充剖面线。设置参数时要注意符合机械制图的相关国家标准，如同一零件不同视图上剖面线的方向和间隔要一致；相邻零件剖面线的方向要尽量相反，若方向相同，则间隔不同。金属零件的剖面线绘制成 45° 方向，非金属材料的剖面线绘制成倾斜 45° 的网格。填充剖面线的结果如图 8-54 所示。

10. 注写图样上的文字

在左视图上方注写"拆去件 2"，如图 8-54 所示。

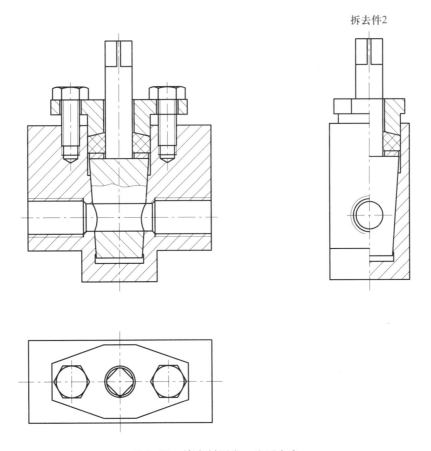

图 8-54　填充剖面线，注写文字

三、标注尺寸、零件序号和注释

1. 标注尺寸

装配图尺寸标注的目的主要是用来表达机器或部件的规格、性能，各零件之间的配合关系，装配体的总体大小以及安装要求等。将"细实线"图层设置为当前图层，标注尺寸，如图 8-55 所示。在标注尺寸"ϕ35H8/f9"时，可将尺寸数字引出标注。

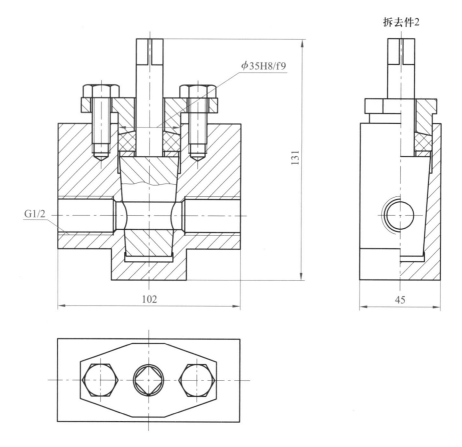

图 8-55　标注尺寸

2. 编写零件序号

（1）在命令行输入"LE"后按回车键，启动"快速引线"命令，绘制各零件的引线。绘制完毕按 Esc 键退出"快速引线"命令，先不标注零件序号。此时引线的起点为箭头，如图 8-56a 所示。

（2）选择引线，在"特性"选项板中将引线的箭头样式改为"点"，箭头大小设置为 1.5 mm（见图 8-57），修改后的引线终端变为圆点，如图 8-56b 所示。

（3）在基准线上方标注序号，序号的字号比尺寸数字的字号大一号，字高为 7 mm，结果如图 8-56b 所示。

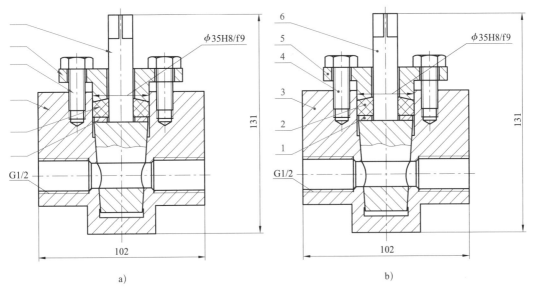

图 8-56　绘制引线并标注零件序号

a）绘制带箭头的引线　b）修改引线的箭头样式，标注零件序号

图 8-57　在"特性"选项板中修改引线的箭头样式

四、绘制标题栏、明细栏和图框，注写技术要求

1. 绘制并填写标题栏

复制图 5-48 所示的标题栏，填写图样名称、图样代号、比例等，如图 8-58 所示。

2. 绘制并填写明细栏

按照图 8-59 所示格式和尺寸绘制并填写明细栏，具体步骤如下：

								×××
标记	处数	分区	更改文件号	签名	年、月、日			旋塞阀
设计	(签名)	(年月日)	标准化	(签名)	(年月日)	阶段标记	质量	比例	
								1:1	XSF-0
审核								
工艺			批准			共 张 第 张		

图 8-58　旋塞阀的标题栏

序号	代　号	名　称	数量	备　注
1	XSF-1	垫　圈	1	
2	XSF-2	填　料	1	
3	XSF-3	阀　体	1	
4	XSF-4	螺栓M10×25	2	
5	XSF-5	阀　盖	1	
6	XSF-6	阀　杆	1	

图 8-59　旋塞阀的明细栏

（1）在复制标题栏时，会同时把"标题栏"表格样式复制到当前文件中。单击"默认"→"注释"→"表格样式"列表框，在列表中选择"标题栏"表格样式（见图 8-60），将其设置为当前表格样式。

（2）将"粗实线"图层设置为当前图层。

（3）单击"默认"→"注释"→"表格"按钮 ▦，打开"插入表格"对话框，如图 8-61 所示。将"列数（C）"设置为"5"，"列宽（D）"设置为"46"（表格列宽中的某一个尺寸）；"数据行数（R）"设置为"5"，"行高（G）"设置为"1"。单元样式全部设置为"数据"。

（4）单击"确定"按钮，插入表格，如图 8-62a 所示。

（5）选中表格，打开"特性"选项板，按照图 8-59 所示尺寸调整表格的行高和列宽，如图 8-62b 所示。

（6）先选择明细栏，再选择第二行，然后按下 Shift 键后再单击第七行，选中第二行至第七行（见图 8-63）。

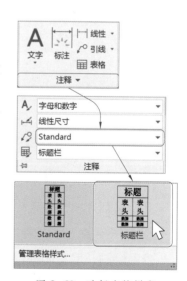

图 8-60　选择表格样式

单击"表格单元"→"编辑边框"按钮 ⊞，打开"单元边框特性"对话框（见图 8-64），设置表格内细实线的线宽为 0.15 mm，如图 8-65 所示。

（7）输入明细栏中的文字，如图 8-59 所示。

3. 绘制图框

A3 幅面的图框格式及尺寸如图 8-66 所示，按照图中所示形状和尺寸绘制图框，如图 8-67 所示。

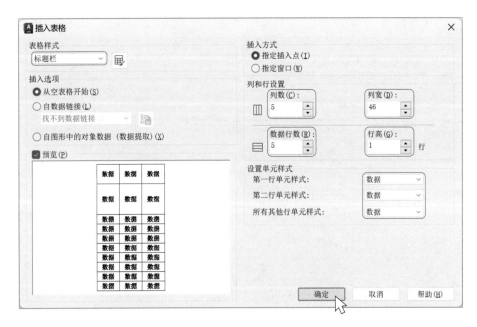

图 8-61 设置表格参数

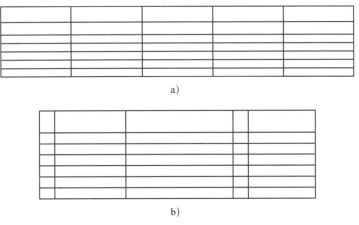

a)

b)

图 8-62 插入明细栏的表格

a）调整前 b）调整后

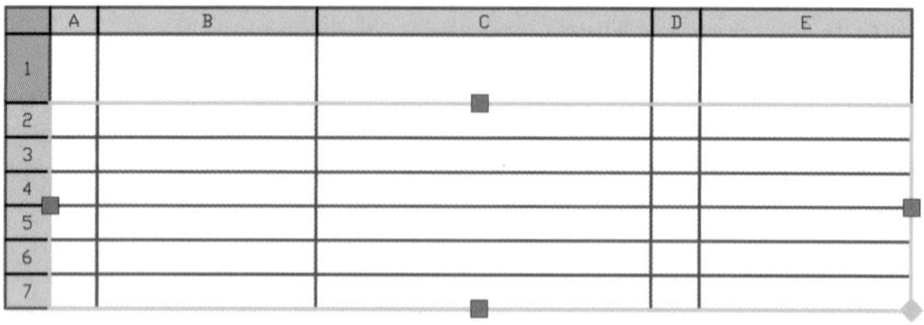

图 8-63　选择表格的第二行至第七行

图 8-64　调整明细栏的线宽

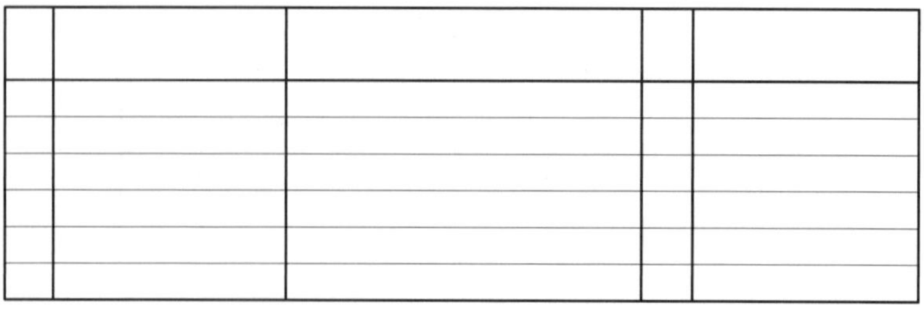

图 8-65　调整后的明细栏中的线宽

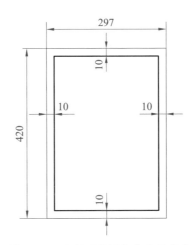

图 8-66 A3 幅面的图框格式及尺寸

4. 布图

（1）将标题栏移到图框的右下角，将明细栏移到标题栏上方，如图 8-67 所示。

（2）启动"组"命令，将标题栏、明细栏和图框创建为一个组。

（3）启动"移动"命令，移动图形到图框中的适当位置，注意要留出注写技术要求的位置，如图 8-67 所示。

在移动图形时，可以调整三视图之间的距离，但是要保证视图之间符合投影规律。

5. 注写技术要求

启动"多行文字"命令，注写旋塞阀的技术要求，如图 8-67 所示。

五、校核与保存

在图样绘制完成后，要对图形、尺寸、文字标注、标题栏和明细栏进行全面检查。检查时要以国家标准为依据，检查图形是否正确，图线是否规范，尺寸标注是否合理，尺寸数字的文字是否与其他图线相交，文字标注和标题栏、明细栏有无错误。

检查图 8-67 不难发现，图上的细点画线绘制不规范。启动"打断于点"命令，修改细点画线，正确的旋塞阀装配图如图 8-35a 所示。

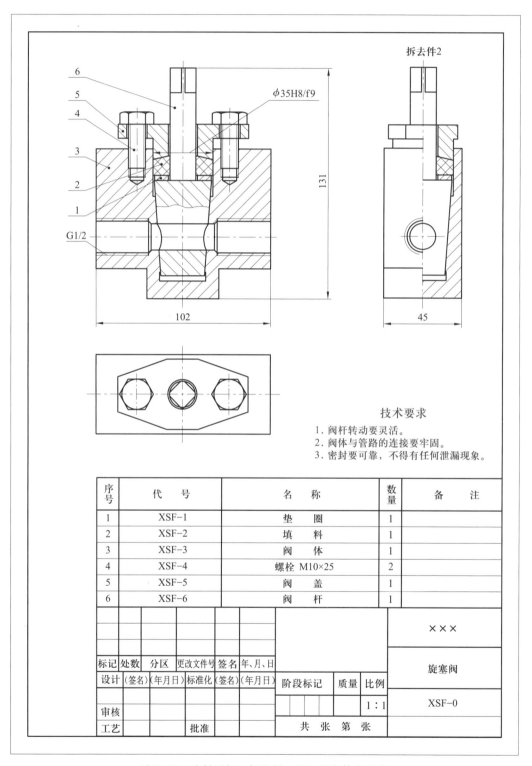

图 8-67　绘制图框、标题栏、明细栏和技术要求

任务三　绘制网络综合布线系统图

1. 了解绘制网络综合布线系统图的一般方法和步骤。
2. 培养使用 AutoCAD 绘制网络综合布线系统图的能力。

图 8-68 所示为某办公大厅网络综合布线系统图，图样中包含各种图形符号并用直线将它们连接起来。在网络布线图中，对图形符号的具体尺寸没有严格要求，绘图时可根据实际情况确定符号的尺寸，但是各符号的外形尺寸要尽量保持一致。下面通过本任务介绍用 AutoCAD 绘制网络综合布线系统图的方法。

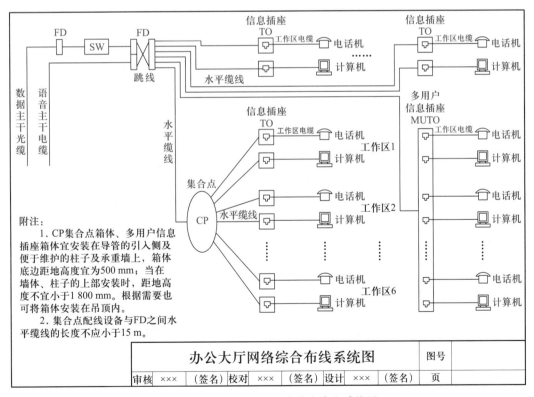

图 8-68　某办公大厅网络综合布线系统图

一、新建图形文件

启动 AutoCAD 2023，选择"acadiso.dwt"（公制空白样板），新建一个 AutoCAD 空白文件。

打开"图层特性管理器"选项板，新建"粗实线""点线"和"细实线"图层。"点线"的线宽选择 0.30 mm，线型选择"ACAD_ISO07W100"。粗实线和细实线的线型采用默认的"Continuous"，线宽分别为 0.30 mm 和 0.15 mm，如图 8-69 所示。

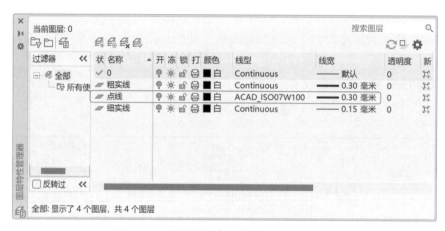

图 8-69　网络综合布线系统图的图层设置

二、绘制网络综合布线系统图的图形符号

将"粗实线"图层设置为当前图层。参照图 8-70 所示图形和尺寸绘制楼层配线设备（FD）、网络交换机（SW）、信息插座（TO）、电话机和计算机的图形符号。为便于使用，将图形符号创建为外部块，存放在新建的"网络综合布线图形符号库"文件夹中。

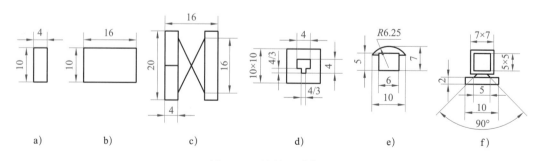

a)　　　　　b)　　　　　c)　　　　　d)　　　　　e)　　　　　f)

图 8-70　绘制图形符号

a）、c）楼层配线设备（FD）　b）网络交换机（SW）　d）信息插座（TO）　e）电话机　f）计算机

三、布置网络综合布线系统图的图形符号及缆线

1. 布置 FD 和 SW 的图形符号及缆线

按照图 8-68 所示位置布置 FD 和 SW 的图形符号，并绘制其前后缆线，如图 8-71 所示。

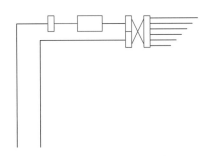

图 8-71　布置 FD 和 SW 的图形符号及缆线

2. 布置上侧区域的信息插座、设备及缆线

在图 8-68 的上侧区域有 4 个信息插座、2 部电话机和 2 台计算机，绘图步骤如下。

（1）复制信息插座、电话机和计算机。

（2）绘制缆线。

（3）将"点线"图层设置为当前图层，绘制点线。

绘制结果如图 8-72 所示。

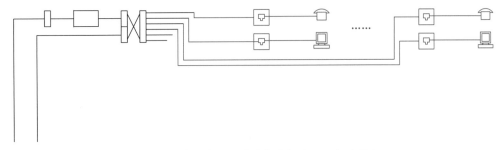

图 8-72　布置上侧区域的信息插座、设备及缆线

3. 布置中下侧区域的信息插座、设备及缆线

在中下侧区域有 6 个信息插座、3 部电话机和 3 台计算机，绘图步骤如下。

（1）绘制一个椭圆作为集合点（CP）。

（2）复制信息插座、电话机和计算机。作图时注意让符号水平对齐，间距相同。

（3）绘制缆线及点线。

绘制结果如图 8-73 所示。

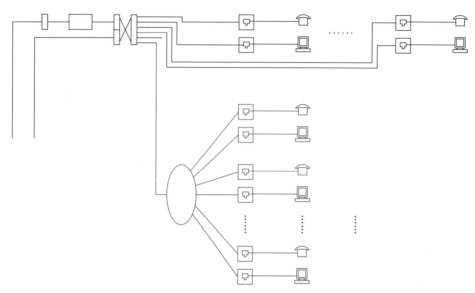

图 8-73　布置中下侧区域的信息插座、设备及缆线

4. 布置右下侧区域的信息插座、设备及缆线

在右下侧区域有一个多用户信息插座（MUTO）、3 部电话机和 3 台计算机，绘图步骤如下。

（1）复制一个信息插座，然后复制中间的插口，再拉长信息插座的外框，形成一个多用户信息插座，如图 8-74 所示。

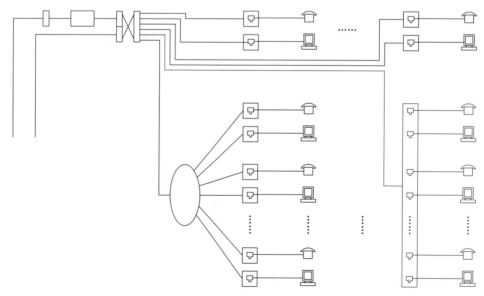

图 8-74　布置右下侧区域的信息插座、设备及缆线

（2）布置相关设备。

（3）绘制缆线及点线。

绘制结果如图 8-74 所示。

四、注写文字

1. 将"细实线"图层设置为当前图层，标注各网络设备的代号或名称，如图 8-75 所示。

2. 在图样的左下侧注写附注（布线要求），如图 8-75 所示。

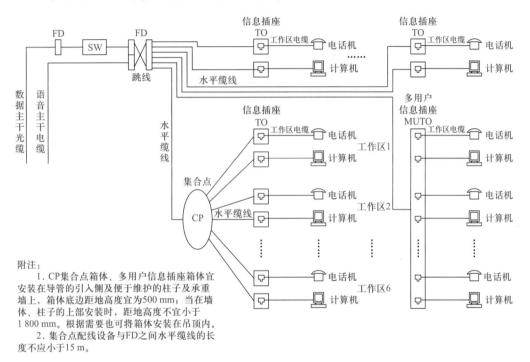

附注：
　　1. CP集合点箱体、多用户信息插座箱体宜安装在导管的引入侧及便于维护的柱子及承重墙上，箱体底边距地高度宜为500 mm；当在墙体、柱子的上部安装时，距地高度不宜小于1 800 mm。根据需要也可将箱体安装在吊顶内。
　　2. 集合点配线设备与FD之间水平缆线的长度不应小于15 m。

图 8-75　注写文字

五、绘制图框、标题栏

1. 将"粗实线"图层设置为当前图层，在图样的外围绘制图框（长为 353 mm，宽为 250 mm），如图 8-68 所示。

2. 按照图 8-76 所示尺寸绘制并填写标题栏，结果如图 8-68 所示。

六、检查、校核

1. 先检查图形符号绘制是否正确，再检查与图形符号对应的文字及文字符号是否正确。

2. 检查线路连接是否正确，线路上的文字注释是否正确。

3. 检查附注的内容是否正确，标题栏的填写是否正确。

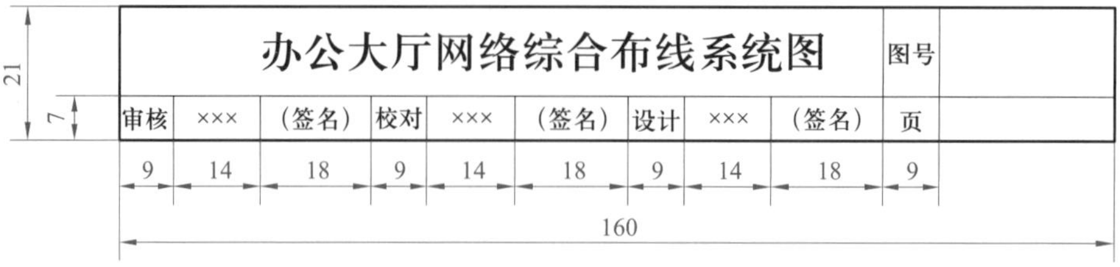

办公大厅网络综合布线系统图									图号	
审核	×××	(签名)	校对	×××	(签名)	设计	×××	(签名)	页	

(尺寸标注: 21, 7, 9, 14, 18, 9, 14, 18, 9, 14, 18, 9, 160)

图 8-76　办公大厅网络综合布线系统图标题栏

任务四　绘制建筑物内综合布线路由图

学习目标

1. 掌握"带基点剪切"和"粘贴为块"命令的操作方法。
2. 掌握在"特性"选项板中修改块的比例的方法。
3. 培养使用外部块文件的能力，增强使用 AutoCAD 绘制建筑物内综合布线路由图的能力。

任务描述

图 8-77 所示为某建筑物内综合布线路由图，图样中包含双口信息插座（TO）、配线设备（FD 或 BD/FD）、过路盒和集合点（CP）的图形符号，建筑物的结构采用细实线示意绘制，下面学习如何绘制该图。

任务实施

一、新建图形文件

启动 AutoCAD 2023，选择"acadiso.dwt"（公制空白样板），新建一个 AutoCAD 空白文件。

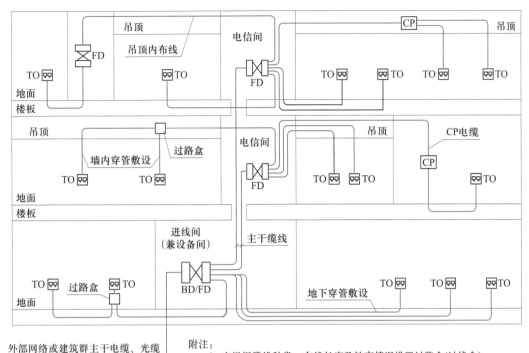

图 8-77 某建筑物内综合布线路由图

打开"图层特性管理器"选项板，新建"粗实线"（线宽设置为 0.30 mm）和"细实线"（线宽设置为 0.15 mm）图层。

二、绘制综合布线路由图的图形符号

将"粗实线"图层设置为当前图层。参照图 8-78 所示图形和尺寸绘制双口信息插座（TO）、配线设备（FD 或 BD/FD）、过路盒和集合点（CP）的图形符号。为方便使用，将图形符号创建为外部块，存放在"网络综合布线图形符号库"文件夹中。下面重点介绍双口信息插座的绘制方法。

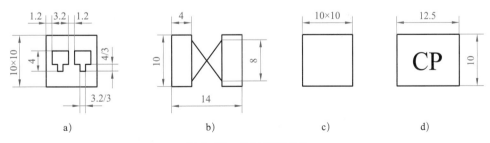

图 8-78 绘制图形符号

a）双口信息插座（TO） b）配线设备（FD 或 BD/FD） c）过路盒 d）集合点（CP）

1. 插入信息插座块

插入图 8-70d 所示的信息插座（TO）块。

2. 分解块

单击"默认"→"修改"→"分解"按钮 ⬚，启动"分解"命令，分解块。

3. 制作信息插口块（内部块）

（1）选择符号中间的信息插口（见图 8-79a），按右键弹出快捷菜单，选择"剪贴板"→"带基点剪切"命令（见图 8-80），单击正方形右下侧端点（见图 8-79b），剪切信息插口。

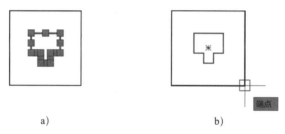

a)   b)

图 8-79　带基点剪切信息插口

a）选择信息插口　b）拾取基点

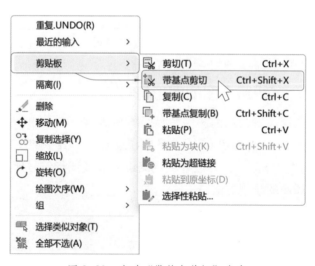

图 8-80　启动"带基点剪切"命令

（2）按右键弹出快捷菜单，选择"剪贴板"→"粘贴为块（K）"命令（见图 8-81），在屏幕上出现一个跟随鼠标移动的信息插口内部块（见图 8-82a）。拾取正方形右下侧端点（见图 8-82b），将信息插口内部块粘贴到信息插口原来的位置。在完成粘贴命令的同时，AutoCAD 自动生成一个内部块（见图 8-83，块名由 AutoCAD 自动生成）。

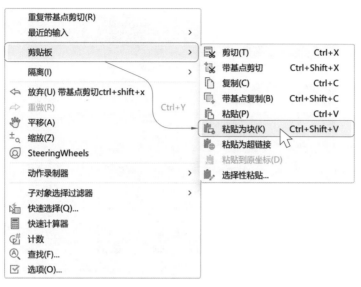

图 8-81　启动"粘贴为块（K）"命令

a)　　　　　　　　　　　　　　　　　　　　b)

图 8-82　粘贴块

a）跟随光标的块　b）拾取插入基点

图 8-83　自动生成的内部块

4. 缩小信息插口 X 轴方向的宽度

打开"特性"选项板，选择信息插口块，在"特性"选项板中将"X 比例"修改为"0.8"（见图 8-84）。修改前后图形的变化如图 8-85 所示。

图 8-84 在"特性"选项板中修改块的比例

图 8-85 信息插口块比例修改前后的变化
a）修改前 b）修改后

小贴士

在"特性"选项板中，可以对块的 X 方向和 Y 方向的比例进行任意设置。

5．移动并复制信息插口

（1）按照图 8-78a 所示尺寸移动信息插口，如图 8-86a 所示。

（2）利用"镜像"命令复制出右侧的信息插口，如图 8-86b 所示。

图 8-86 移动并复制信息插口
a）移动信息插口 b）复制出右侧的信息插口

三、绘制建筑物立面简图

将"细实线"图层设置为当前图层，按照图 8-77 所示形状绘制建筑物立面简图，如图 8-87 所示。

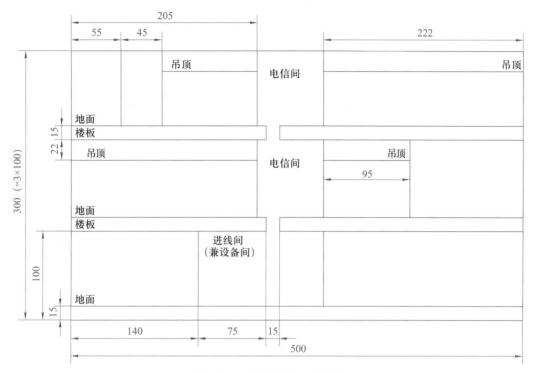

图 8-87 绘制建筑物立面简图

四、布置图形符号

1. 将双口信息插座（TO）、配线设备（FD 或 BD/FD）、过路盒、集合点的图形符号插入到图样的空白处。

2. 将网络设备和元件的图形符号布置在建筑物的立面简图中，并将进线间配线设备的图形符号放大 1 倍，其他 3 个电信间配线设备的图形符号放大 0.5 倍，如图 8-88 所示。

五、绘制缆线

将"粗实线"图层设置为当前图层，使用"直线"命令绘制缆线，使用"圆角"命令绘制缆线的圆角，如图 8-89 所示。

六、注写文字

1. 将"细实线"图层设置为当前图层，标注各网络设备的代号或名称，带引线的标注用"直线"命令绘制引线，重复的内容用"复制"命令，注写文字的结果如图 8-90 所示。

2. 在图样的右下侧注写布线要求，如图 8-90 所示。

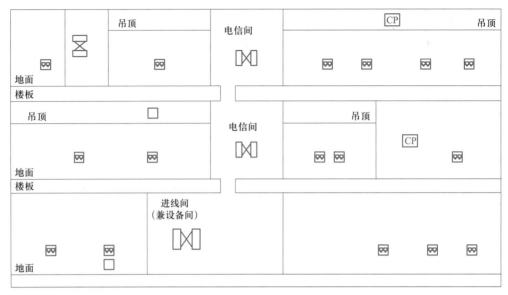

图 8-88　布置网络设备和元件的图形符号

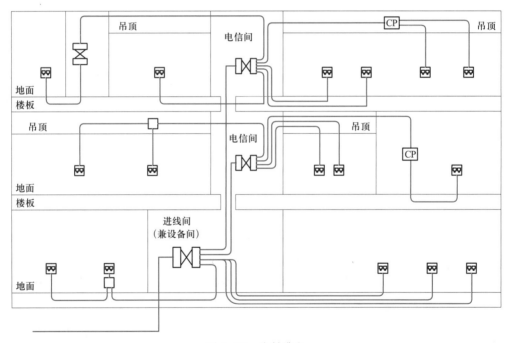

图 8-89　绘制缆线

七、检查、校核

1. 先检查图形符号绘制是否正确，再检查与图形符号对应的文字及文字符号是否正确。

2. 检查线路连接是否正确，线路上的文字注释是否正确。

3. 检查附注的内容是否正确。

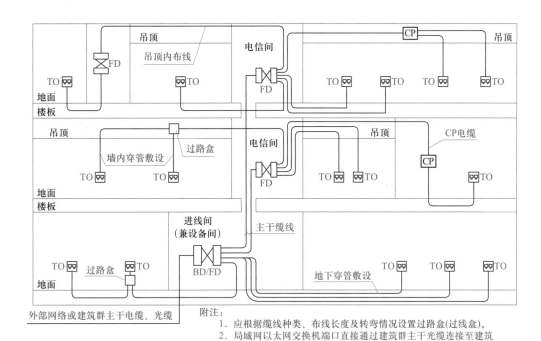

图 8-90　注写文字

任务五　绘制建筑群网络综合布线系统图

1. 培养使用 AutoCAD 绘制建筑群网络综合布线系统图的能力。
2. 掌握打印输出的基本方法。

图 8-91 所示为某建筑群网络综合布线系统图，图中共有三栋楼，绘图时可分别绘制每栋楼的网络布线图，然后再将它们组合在一起。下面学习如何绘制该图，然后打印 pdf 格式的文件。

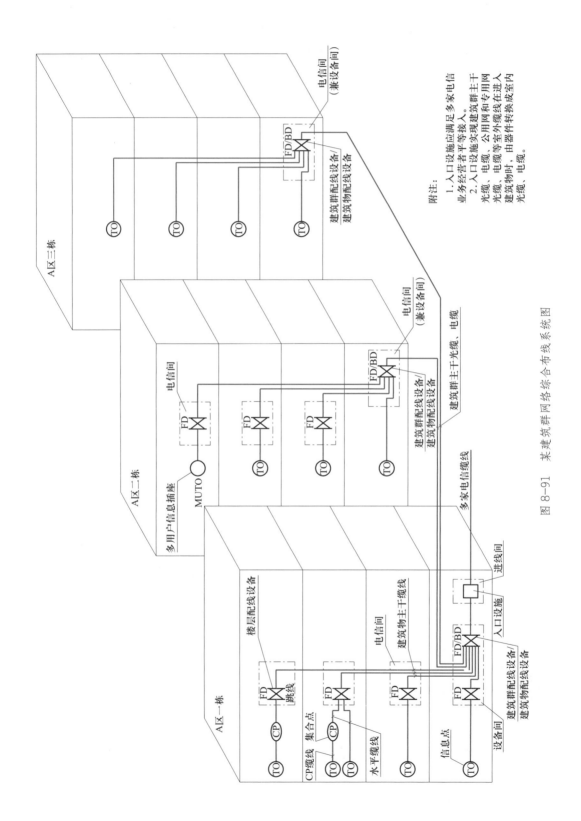

图8-91 某建筑群网络综合布线系统图

一、新建图形文件

图 8-91 所示图形有粗实线、细实线和细点画线三种图线。

启动 AutoCAD 2023，打开"制图样板"，新建一个 AutoCAD 空白文件。

二、绘制建筑物的立体图

1. 将"细实线"图层设置为当前图层，按照图 8-92 所示形状和尺寸绘制楼房的立体图。

2. 复制出另外两栋楼房的立体图，在图上标注楼房的名称"A 区一栋""A 区二栋""A 区三栋"，如图 8-93 所示。

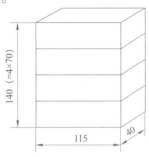

图 8-92　楼房的立体图及尺寸

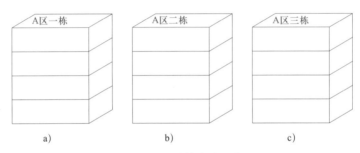

图 8-93　三栋楼房的立体图
a）A 区一栋　b）A 区二栋　c）A 区三栋

三、绘制网络布线图的图形符号

将"粗实线"图层设置为当前图层。根据图 8-94 所示图形和尺寸绘制网络设备和元件的图形符号，注写文字符号，并将其创建为组或块。

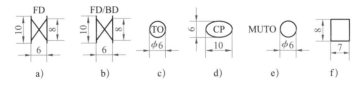

图 8-94　建筑群网络综合布线系统图中的图形符号和文字符号
a）楼层配线设备　b）建筑物配线设备　c）单孔数据插座　d）集合点　e）多用户信息插座　f）入口设施

四、绘制各栋楼房的网络布线图

分别绘制各栋楼房的网络布线图，如图 8-95 所示，绘图步骤如下。

1. 布置图形符号。

2. 绘制网线。

3. 绘制设备间，标注注释。

4. 标注其他注释。

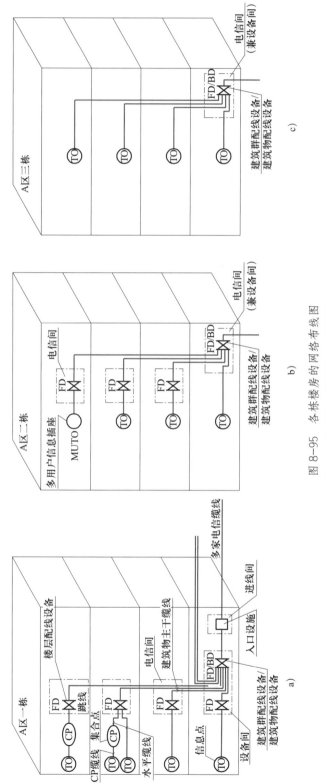

图 8-95　各栋楼房的网络布线图

a）A 区一栋　b）A 区二栋　c）A 区三栋

五、布置楼房，连接各栋楼房之间的网线

1. 按照图 8-91 所示位置布置楼房，如图 8-96 所示。

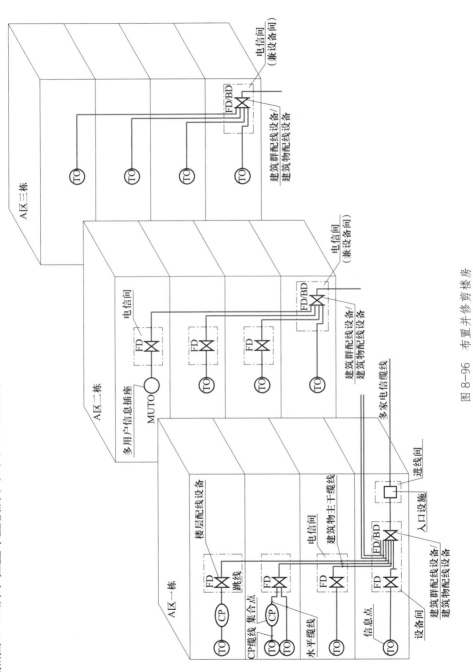

图 8-96 布置并修剪楼房

2. 启动"修剪"命令，修剪 A 区二栋和 A 区三栋被遮挡的轮廓线，如图 8-96 所示。修剪时要注意，"修剪"命令可以修剪组合对象，但是不能修剪块。若要修剪块，需要先将块分解。

3. 绘制 A 区二栋和 A 区一栋、A 区三栋和 A 区一栋之间的网线，标注注释，如图 8-91 所示。

4. 输入附注文字，如图 8-91 所示。

六、检查、校核

1. 检查各楼房网络布线图是否正确。主要从以下几个方面检查。

（1）检查图形符号是否正确。

（2）检查与图形符号对应的文字符号是否正确。

（3）检查图形符号的文字注释是否正确。

（4）检查网线连接情况及线路上的注释是否正确。

（5）检查进线间、设备间和电信间的绘制和标注是否正确。

2. 检查各楼房之间网线的连接是否正确，线路上的文字注释是否正确。

3. 检查附注的内容是否正确。

七、打印 pdf 格式的文件

pdf 是一种可移植文档文件格式，用于可靠地呈现和交换文档，与软件、硬件或操作系统无关。

1. 启动"打印"命令

单击标题栏上的"打印"按钮 🖶，打开"打印－模型"对话框，如图 8-97 所示。

2. 设置打印参数

打印参数的设置如图 8-97 所示，具体设置内容如下。

（1）在"打印机/绘图仪"选项组中，单击"名称（M）"，在展开的下拉列表中选择"Microsoft Print to PDF"。

（2）在"打印机/绘图仪"选项组中，单击"图纸尺寸（Z）"，在展开的下拉列表中选择"A4"。

（3）在"打印偏移（原点设置在可打印区域）"选项组中勾选"居中打印（C）"复选框。

（4）在"打印比例"选项组中勾选"布满图纸（I）"复选框。

（5）在"图形方向"选项组中，勾选"横向"单选框。

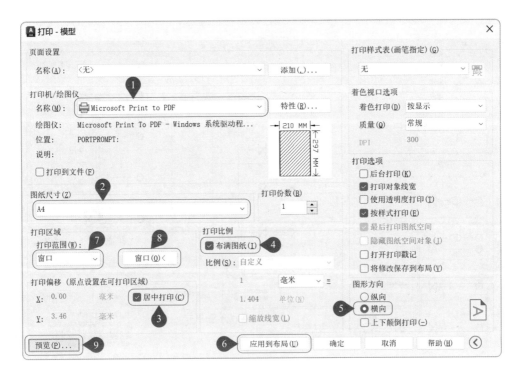

图 8-97 "打印-模型"对话框

（6）单击"应用到布局（U）"按钮，保存设置。

其他选项采用系统默认设置。

3. 预览打印

（1）在"打印区域"选项组中，单击"打印范围（W）"，在展开的下拉列表中选择"窗口"（见图 8-97）。单击右侧的"窗口（O）"按钮，系统返回绘图区，框选图形（框选时注意四周适当留出一定的空白幅面），系统返回"打印-模型"对话框。

（2）单击"预览（P）..."按钮，打开打印预览窗口，如图 8-98 所示。

（3）按右键弹出快捷菜单（见图 8-98）。

（4）单击"打印"命令，打开"将打印输出另存为"对话框，如图 8-99 所示。在"文件名（N）"文本框中输入"建筑群网络综合布线系统图"。先单击"桌面"按钮，再单击"保存（S）"按钮，将 pdf 格式的文件保存到桌面上。

 小贴士

单击"打印-模型"对话框中的"确定"按钮（见图 8-97），可直接打印文档。

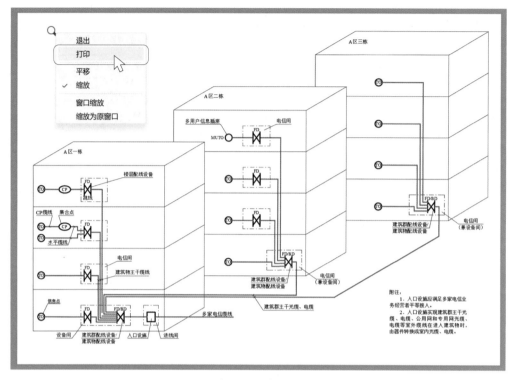

图 8-98　打印预览窗口与快捷菜单

图 8-99　"将打印输出另存为"对话框

附录

AutoCAD 常用命令

序号	命令	快捷命令	功能
1	ARC	A	创建圆弧
2	ARRAY	AR	阵列
3	ATTDEF	ATT	定义图块属性
4	ATTEDIT	ATE	编辑图块属性
5	BEDIT	BE	编辑块
6	BHATCH	BH	图案填充
7	BLOCK	B	定义图块
8	BREAK	BR	在两点间打断选定对象
9	CHAMFER	CHA	倒角
10	CIRCLE	C	创建圆
11	COPY	CO	复制（只能粘贴到同一个文件中）
12	COPYBASE	Ctrl+Shift+C	带基点复制（可粘贴到同一个文件或其他 dwg 格式的文件中）
13	COPYCLIP	Ctrl+C	复制（可粘贴到同一个文件或其他 dwg 格式的文件中）
14	CUTCLIP	Ctrl+X	剪切（可粘贴到同一个文件或其他 dwg 格式的文件中）
15	DDEDIT	ED	文本编辑
16	DIMANGULAR	DAN	角度标注

序号	命令	快捷命令	功能
17	DIMALIGNED	DIMALI	对齐标注
18	DIMDIAMETER	DDI	直径标注
19	DIMLINEAR	DLI	线性标注
20	DIMRADIUS	DRA	半径标注
21	DIMSTYLE	D	打开"标注样式管理器"
22	DIVIDE	DIV	定数等分
23	DSETTINGS	SE	打开"草图设置"对话框
24	ELLIPSE	EL	创建椭圆或椭圆弧
25	ERASE	E	删除
26	EXPLODE	X	分解复合对象（如多段线、填充图案等）
27	EXTEND	EX	延伸对象
28	FILLET	F	倒圆角
29	GROUP	G	创建对象组
30	HATCH	H	填充封闭区域
31	HATCHEDIT	HE	编辑填充图案
32	INSERT	I	打开"块"选项卡
33	JOIN	J	合并相似对象
34	LAYER	LA	打开"图层特性管理器"
35	LEADER	LE	引线标注
36	LENGTHEN	LEN	拉长对象
37	LINE	L	绘制直线段
38	JOIN	J	合并相似对象
39	MATCHPROP	MA	特性匹配
40	MEASURE	ME	定距等分
41	MIRROR	MI	镜像对象
42	MLINE	ML	绘制多线
43	MOVE	M	移动对象

续表

序号	命令	快捷命令	功能
44	MTEXT	T	多行文本
45	OFFSET	O	偏移
46	OOPS	U	恢复最后一次被删除的对象
47	OPTIONS	OP	打开"选项"对话框
48	OSNAP	OS	打开"草图设置"对话框
49	OPEN		打开"选择文件"对话框
50	OVERKILL		删除重复对象
51	PAN	P	实时平移
52	PASTEBLOCK	Ctrl+Shift+V	粘贴为块（可粘贴到同一个文件或其他 dwg 格式的文件中）
53	PASTECLIP	Ctrl+Shift+V	粘贴（可粘贴到同一个文件或其他 dwg 格式的文件中）
54	PEDIT	PE	编辑多段线
55	PLINE	PL	绘制多段线
56	POINT	PO	绘制点
57	POLYGON	POL	绘制正多边形
58	QLEADER	LE	快速引线标注
59	RECTANG	REC	绘制矩形
60	ROTATE	RO	旋转实体
61	SCALE	SC	缩放对象
62	SPLINE	SPL	绘制样条曲线
63	SPLINEDIT	SPE	编辑样条曲线
64	STRETCH	S	拉伸对象
65	STYLE	ST	打开"文字样式"对话框
66	TABLE	TB	打开"插入表格"对话框
67	TABLESTYLE	TS	打开"表格样式"对话框
68	TOLERANCE	TOL	打开"形位公差"对话框

续表

序号	命令	快捷命令	功能
69	TRIM	TR	修剪对象
70	UNGROUP		解除编组
71	UNIT	UN	打开"图形单位"对话框
72	WBLOCK	W	打开"写块"对话框
73	ZOOM	Z	实时缩放